AF337159

MÉMORIAL

DES

SCIENCES MATHÉMATIQUES

PUBLIÉ SOUS LE PATRONAGE DE

L'ACADÉMIE DES SCIENCES DE PARIS

DES ACADÉMIES DE BELGRADE, BRUXELLES, BUCAREST, COÏMBRE, CRACOVIE, KIEW,
MADRID, PRAGUE, ROME, STOCKHOLM (FONDATION MITTAG-LEFFLER), ETC.,
DE LA SOCIÉTÉ MATHÉMATIQUE DE FRANCE, AVEC LA COLLABORATION DE NOMBREUX SAVANTS.

DIRECTEUR :

Henri VILLAT
Correspondant de l'Académie des Sciences de Paris,
Professeur à la Sorbonne.

FASCICULE XXIII

Extension aux fonctions algébroïdes multiformes du théorème de M. Picard et de ses généralisations

PAR M. GEORGES RÉMOUNDOS
Membre de l'Académie d'Athènes,
Professeur à l'Université d'Athènes.

PARIS
GAUTHIER-VILLARS ET Cie, ÉDITEURS
LIBRAIRES DU BUREAU DES LONGITUDES, DE L'ÉCOLE POLYTECHNIQUE
Quai des Grands-Augustins, 55.

1927

AVERTISSEMENT

La Bibliographie est placée à la fin du fascicule, immédiatement avant la Table des Matières.

Les numéros en caractères gras, figurant entre crochets dans le courant du texte, renvoient à cette Bibliographie.

EXTENSION

AUX FONCTIONS ALGÉBROÏDES MULTIFORMES

DU

THÉORÈME DE M. PICARD

ET DE SES GÉNÉRALISATIONS

Par M. Georges RÉMOUNDOS,

Membre de l'Académie d'Athènes,
Professeur à l'Université d'Athènes.

PRÉFACE.

Les diverses généralisations apportées aux célèbres théorèmes de M. Picard sur les valeurs d'une fonction entière ou méromorphe et d'une fonction uniforme dans le voisinage d'un point singulier essentiel isolé ne concernaient que les fonctions uniformes jusqu'à 1903, date où j'ai fait ma première communication à l'Académie des sciences de Paris donnant une extension aux algébroïdes multiformes. Dès lors, une nouvelle voie s'est ouverte aux mathématiciens ayant comme but l'extension la plus parfaite aux fonctions multiformes de la théorie des fonctions entières ou méromorphes dans tout le plan ou dans un domaine du plan z, et, en particulier, du célèbre théorème de M. Picard et de ses généralisations.

La théorie des fonctions algébroïdes uniformes, étant née d'hier, offre un domaine fécond et intéressant de recherches; aussi l'ai-je choisi comme objet du premier fascicule que j'ai rédigé pour le *Mémorial des Siences mathématiques*.

Ce petit livre contient les résultats acquis jusqu'à présent sur le sujet choisi. Pour la clarté et la simplicité des idées des méthodes et des énoncés, je me suis borné au cas d'ordre fini, puisque cela ne diminue nullement la généralité des méthodes appliquées.

En effet, avec les notions précises de l'ordre de grandeur de M. Borel et des ordres de M. Blumenthal définis à l'aide de ses fonctions types et la théorie actuellement bien connue des fonctions entières ou méromorphes d'ordre infini, toutes les méthodes et les résultats de ce fascicule s'étendent tout de suite au cas d'ordre infini.

Pour la même raison, je me suis borné aux généralisations les plus classiques du théorème de M. Picard. L'extension aux algébroïdes multiformes des autres généralisations au bien se fait visiblement par les mêmes méthodes, ou bien appartient au sujet du second fascicule : *Sur les familles et les séries de fonctions algébroïdes* que je rédigerai pour le *Mémorial des Sciences mathématiques*. C'est ainsi que l'extension des généralisations importantes faites dans la direction de M. Landau est remise au second fascicule. Il en est de même de l'extension de l'autre théorème de M. Picard sur les valeurs d'une fonction uniforme dans le voisinage d'un point singulier essentiel isolé qui sera exposée par une méthode se rattachant aux familles et séries de fonctions et surtout à la notion des familles normales due à M. Montel.

La bibliographie détaillée se trouve, d'après le plan prescrit par la direction du *Mémorial*, à la fin du fascicule.

Je tiens à remercier mon cher collègue M. Henri Villat qui, par son *Mémorial* destiné à rendre de grands services à la Science mathématique, m'a fourni l'occasion d'écrire des livres qui contribueront puissamment à augmenter l'intérêt des champs mathématiques de mon cadre.

Qu'il me soit permis d'aimer à espérer que ce petit livre sera l'origine et l'occasion de nombreuses recherches dans un domaine nouveau où il y a beaucoup de progrès à accomplir.

Athènes, le 27 novembre 1924.

GEORGES I. RÉMOUNDOS.

CHAPITRE I.

a. — NOTIONS PRÉLIMINAIRES.

1. Nous supposons connues les définitions et propriétés suivantes que nous citerons sans démonstration (*Leçons sur les fonctions entières* de M. Borel) :

On appelle *fonction entière* toute fonction analytique n'admettant aucune singularité à distance finie. Les fonctions analytiques qui n'admettent que des pôles à distance finie s'appellent *méromorphes*.

On appelle facteur primaire de genre k l'expression

$$(1) \qquad P_k(u) = (1 - u)\, e^{\frac{u_1}{1} + \frac{u_2}{2} + \dots + \frac{u^k}{k}}.$$

Soient $f(z)$ une fonction entière et $r_1, r_2, r_3, \dots, r_n, \dots$ les modules de ses zéros; s'il existe un nombre ρ tel que les deux séries $\sum \frac{1}{r_n^{\rho-\varepsilon}}$ et $\sum \frac{1}{r_n^{\rho+\varepsilon}}$, la première diverge et la deuxième converge, quelque petit que soit le nombre positif ε, le nombre ρ sera dit *ordre de densité* [1] de la suite des zéros.

Il existe un produit $P(z)$ de facteurs primaires de genre $p \leqq \rho$ qui a les mêmes zéros que la fonction $f(z)$ et, alors, nous disons que ce produit canonique de Weierstrass est d'ordre ρ et de genre p. Si ce nombre ρ n'existe pas on peut aussi former un produit canonique $P(z)$ de Weierstrass uniformément convergent dans tout le plan, qui sera de genre et d'ordre infini, ayant les mêmes zéros (avec le même degré de multiplicité) que la fonction $f(z)$.

Il en résulte que

$$(3) \qquad f(z) = P(z)\, e^{H(z)},$$

où $H(z)$ désigne une fonction aussi entière.

Si nous désignons par $m(r)$ le module maximum de $P(z)$ sur la circonférence $|z| = r$, nous avons l'inégalité

$$m(r) < e^{r^{\rho+\varepsilon}} \qquad (\varepsilon \text{ positif et arbitraire})$$

---

[1] Ou bien *exposant de convergence*.

satisfaite à partir d'une valeur de r et l'inégalité

$$m(r) > e^{r^{\rho-1}}$$

satisfaite par des valeurs de r infiniment grandes.

Désignons par $M(r)$ le module maximum de $f(z)$ sur la circonférence $|z| = r$; s'il existe un nombre ρ tel que l'on ait les inégalités

$$M(r) < e^{r^{\rho+\varepsilon}}, \qquad M(r) > e^{r^{\rho-\varepsilon}},$$

la première à partir d'une valeur de r et la seconde pour des valeurs de r infiniment grandes, nous disons que la fonction entière $f(z)$ est *d'ordre fini* ρ; dans le cas contraire, la fonction $f(z)$ est *d'ordre infini.*

Si $f(z)$ est d'ordre fini ρ, l'exponentielle $e^{H(z)}$ sera aussi d'ordre fini et l'exposant $H(z)$ sera un polynome entier.

2. Les théorèmes de M. Picard, découverts en 1880, sont les suivants :

Théorème I. — *Toute fonction entière $f(z)$ prend, une infinité de fois, toute valeur sauf, peut-être, deux au plus (l'infini compris).*

Théorème II. — *Toute fonction analytique uniforme dans le voisinage d'un point singulier essentiel isolé $z = a$ prend, dans le voisinage de ce point, toutes les valeurs sauf, peut-être, deux au plus (l'infini compris), qui s'appellent exceptionnelles.*

Parmi les nombreuses généralisations du premier théorème, établies par divers auteurs, nous nous bornerons ici de citer la suivante, due à M. Borel [voir les *Leçons sur les fonctions entières* de M. Borel, p. 94-102], à savoir :

Si $f(z)$ est une fonction entière d'ordre ρ, le produit canonique $P(z)$ de Weierstrass pour la fonction $f(z) - u$ [où u est un nombre quelconque] ne saurait être d'ordre inférieur à ρ que pour une au plus valeur finie de u, qui sera appelée exceptionnelle.

Généraliser ces théorèmes afin de les étendre aux fonctions multiformes, c'est là le but de ce livre. Avant d'aborder notre sujet, il est encore nécessaire de citer deux autres théorèmes sur les fonctions entières d'ordre fini.

I. La dérivée d'une fonction entière d'ordre ρ est du même ordre ρ.

II. THÉORÈME DE MODULE MINIMUM. — *Nous avons l'inégalité* (théorème de M. Hadamard)

$$(4) \qquad |f(z)| > e^{-r^{\rho+\varepsilon}}$$

satisfaite pour toute valeur de r suffisamment grande sauf quelques intervalles exceptionnels d'étendue totale négligeable [3] et [5].

Il en résulte que, si nous considérons un nombre limité de fonctions entières, il existera pour l'ensemble de ces fonctions une infinité de valeurs de r, infiniment croissantes qui satisfont à l'inégalité (4), les autres étant encore négligeables [*voir* le même livre de M. Borel, p. 81].

b. — L'IMPOSSIBILITÉ DE CERTAINES IDENTITÉS.

Théorème de M. Borel.

3. Envisageons une identité de la forme

$$(5) \qquad P_1(z) e^{H_1(z)} + P_2(z) e^{H_2(z)} + P_3(z) e^{H_3(z)} + \ldots + P_n(z) e^{H_n(z)} = 0,$$

où les $P_i(z)$ et les $H_i(z)$ sont des polynomes quelconques avec la seule restriction que la différence de deux exposants quelconques $H_i(z)$ et $H_j(z)$ ne doit pas être une constante.

Une telle identité n'est possible que dans le cas où tous les $P_i(z)$ sont identiquement nuls.

La démonstration de ce théorème est bien élémentaire et connue; cependant, nous tenons à l'exposer ici, parce qu'elle servira de base pour généraliser la proposition ci-dessus indiquée et établir un théorème plus général de M. Borel.

Voici la démonstration : divisons les deux membres de (5) par $e^{H_n(z)}$ et ensuite prenons la dérivée des deux membres, ce qui nous conduira à l'identité

$$(6) \qquad \sum_{k=1,2,3,\ldots,n-1} [P'_n(z) + P_k(z)\Delta'_k(z)] e^{\Delta_k(z)} + P'_n(z) = 0,$$

où $\Delta_k(z) = H_k(z) - H_n(z)$.

Les nouveaux coefficients $P'_k + P_k \Delta'_k$ des exponentielles $e^{\Delta_k(z)}$ ne sauraient être identiquement nuls que si les P_k correspondants le sont; en effet, l'identité $P'_k + P_k \Delta'_k = 0$ nous donnerait

$$P_k(z) = C\, e^{-\Delta_k(z)} \qquad \text{(C étant une constante)},$$

ce qui entraîne $C = 0$ et, par conséquent, $P_k(z) = 0$, puisque, par hypothèse, l'exposant $-\Delta_k(z)$ n'est pas une constante.

Nous remarquons même que le nouveau coefficient $P'_k + P_k \Delta'_k$ est un polynome au moins du même degré que le coefficient primitif P_k.

En faisant successivement un nombre suffisant de fois cette dérivation nous arriverons à annuler le terme non exponentiel de l'identité en question et obtenir une nouvelle

$$(7) \qquad \sum_{k=1,2,3,\ldots,n-1} Q_k(z) e^{\Delta_k(z)} = 0$$

ayant la même forme que l'identité donnée (5) mais un terme de moins, où les coefficients $Q_k(z)$ ne peuvent être nuls que si les $P_k(z)$ le sont.

En répétant la même méthode $n-1$ fois nous arriverons enfin à une identité

$$(7) \qquad A(z) e^{D(z)} = 0$$

ayant un seul terme exponentiel, où le coefficient $A(z)$ est un polynome qui ne saurait être identiquement nul que si tous les $P_k(z)$ l'étaient, et l'exposant $D(z)$ est la différence de deux polynomes $H_k(z)$.

Or, l'identité (7) est impossible dans le cas où $A(z)$ n'est pas identiquement nul et, par conséquent, le théorème se trouve démontré.

Théorème de M. Borel.

4. On doit à M. Borel ([4] et [11] de l'index bibliographique) des généralisations très précises du théorème du numéro précédent;

nous nous bornerons à exposer ici la suivante :

Envisageons une identité de la forme

$$(8) \qquad f_1(z)\,e^{H_1(z)} + f_2(z)\,e^{H_2(z)} + f_3(z)\,e^{H_3(z)} + \ldots + f_n(z)\,e^{H_n(z)} = 0,$$

où les exposants $H_i(z)$ sont tels que toutes les différences $H_i(z) - H_j(z)$ soient des polynome de degré au moins égal à p et les coefficients $f_i(z)$ sont des fonctions entières d'ordre fini inférieur à p; cette identité (8) n'est possible que dans le cas où tous les coefficients $f_i(z)$ sont identiquement nuls [1].

Pour démontrer ce théorème nous avons besoin des lemmes suivants :

Lemme I. — *Le maximum de la partie réelle d'un polynome $P(z)$ de degré p*

$$P(z) = a_0 z^p + a_1 z^{p-1} + \ldots$$

a, dans le domaine de l'infini, le même ordre de grandeur que le module maximum $M(r)$ du polynome lui-même.

En effet, si

$$a_0 = \rho_0(\cos\varphi_0 + i\sin\varphi_0), \qquad a_1 = \rho_1(\cos\varphi_1 + i\sin\varphi_1), \qquad \ldots$$

et

$$z = r(\cos\theta + i\sin\theta),$$

nous savons que, dans le domaine de l'infini, le module maximum $M(r)$ est de l'ordre de grandeur $\rho_0 r^p$ dans le sens que le rapport $M(r) : \rho_0 r^p$ tend vers l'unité lorsque r tend vers l'infini.

D'autre part, la partie réelle de $P(z)$ est

$$\rho_0 r^p \cos(p\theta + \varphi_0) + \rho_1 r^{p-1} \cos[(p-1)\theta + \varphi_1] + \ldots$$

et nous savons que, pour r infiniment grand, sa valeur absolue est de l'ordre de grandeur de son premier terme $\rho_0 r^p \cos(p\theta + \varphi_0)$ dont le maximum est égal à $\rho_0 r^p \left[\text{pour } \theta = -\dfrac{\varphi_0}{p}\right]$.

Donc, sur une circonférence $|z| = r$ de rayon infiniment grand, le module maximum $M(r)$ de $P(z)$ et le maximum $\Lambda(r)$ de sa partie réelle sont équivalents à $\rho_0 r^p$ dans le sens précis que les rapports

$$\mathrm{M}(r) : \rho_0 r^p \quad \text{et} \quad \mathrm{A}(x) : \rho_0 r^p$$

tendent vers l'unité, lorsque r croît indéfiniment

Il en est de même, évidemment, de la valeur absolue $\mathrm{B}(r)$ *du minimum* $-\mathrm{B}(r)$ *de la partie réelle du polynome.*

Il en résulte que, ε étant un nombre positif quelconque donné d'avance, nous aurons, à partir d'une valeur de r, les trois inégalités

$$r^{(1-\varepsilon)p} < \mathrm{M}(r) < r^{(1+\varepsilon)p},$$
$$r^{(1-\varepsilon)p} < \mathrm{A}(r) < r^{(1+\varepsilon)p}, \qquad r^{(1-\varepsilon)p} < \mathrm{B}(r) < r^{(1+\varepsilon)p}.$$

LEMME II. — *Si nous envisageons une exponentielle* $e^{\mathrm{P}(z)}$, *où l'exposant* $\mathrm{P}(z)$ *est de degré* p, *le module maximum de* $e^{\mathrm{P}(z)}$ *qui est égal à* $e^{\mathrm{A}(r)}$ *sera, à partir d'une valeur de* r, *compris entre les quantités*

$$e^{r^{(1+\varepsilon)p}} \quad \text{et} \quad e^{r^{(1-\varepsilon)p}},$$

où ε *est un nombre positif quelconque donné d'avance.*

LEMME III. — *Soit* $a x_1^{\mu_1} x_2^{\mu_2} x_\nu^{\mu_\nu}$ *un monome. Si nous y remplaçons les* $x_1, x_2, \ldots, x_\nu$ *respectivement par des fonctions entières* $\mathrm{H}_1(z)$, $\mathrm{H}_2(z)$, $\ldots$, $\mathrm{H}_\nu(z)$ *d'ordre inférieur à* ρ, *la fonction ainsi obtenue*

$$\mathrm{M}(z) = a\, \mathrm{H}_1^{\mu_1}(z)\, \mathrm{H}_2^{\mu_2}(z), \ldots, [\mathrm{H}_\nu(z)]^{\mu_\nu}$$

sera aussi d'ordre inférieur à ρ.

En effet, il existera, par hypothèse, un nombre positif θ tel que l'on ait

$$|\mathrm{H}_i(z)| < e^{r^{\rho-\theta}} \qquad (i = 1, 2, 3, \ldots, \nu)$$

à partir d'une valeur de r; on en tire l'inégalité

$$|\mathrm{H}_i(z)^{\mu_i}| < e^{\mu_i r^{\rho-\theta}} < e^{r^{\rho+\varepsilon-\theta}}$$
$$(\varepsilon \text{ étant positif et arbitrairement petit}).$$

Il en résulte que, si nous désignons par θ_1 un nombre positif et inférieur à θ, nous aurons l'inégalité

$$|\mathrm{H}_i(z)^{\mu_i}| < e^{r^{\rho-\theta_1}} \qquad (i = 1, 2, 3, \ldots, \nu)$$

satisfaite à partir d'une valeur de r, et, par conséquent,

$$|H_1(z)^{\mu_1} H_2(z)^{\mu_2} \ldots H_\nu(z)^{\mu_\nu}| < e^{\nu \rho^{\rho \cdot \theta_1}} < e^{r^{\rho - \theta_1}}, \qquad (0 < \theta_2 < \theta_1)$$

et, il en sera de même si nous prenons aussi le facteur constant a.

Alors l'inégalité

$$(9) \qquad\qquad |M(z)| < e^{r^{\rho - \theta_2}}$$

satisfaite à partir d'une valeur de r nous montre que l'ordre de la fonction entière $M(z)$ est inférieur à ρ.

LEMME IV. — *Soit* $P(x_1, x_2, \ldots, x_\nu)$ *un polynome entier par rapport à* $x_1, x_2, \ldots, x_\nu$. *Si nous y faisons la même substitution que dans le lemme précédent, la fonction ainsi obtenue sera aussi d'ordre inférieur à* ρ.

En effet, nous aurons pour chaque terme l'inégalité (9) et, par conséquent, si nous désignons par n le nombre des termes du polynome $(x_1, x_2, \ldots, x_\nu)$, nous aurons l'inégalité

$$|P[H_1(z), H_2(z), \ldots, H_\nu(z)]| < n\, e^{r^{\rho - \theta_2}} < e^{r^{\rho - \theta_3}} \qquad (0 < \theta_3 < \theta_2).$$

LEMME V. — *Soit*

$$R(x_1, x_2, \ldots, x_\nu) = \frac{P(x_1, x_2, x_3, \ldots, x_\nu)}{Q(x_1, x_2, x_3, \ldots, x_\nu)}$$

une fonction rationnelle de $x_1, x_2, \ldots, x_\nu$. *Si nous y faisons la substitution des lemmes III et IV, la fonction ainsi obtenue*

$$R[H_1(z), H_2(z), H_3(z), \ldots, H_\nu(z)] = M(z)$$

satisfera aux inégalités

$$|M(z)| < e^{r^{\rho \cdot \theta}}, \qquad |M(z)| > e^{-r^{\rho - \theta}},$$

où θ *désigne un nombre positif.*

Démonstration. — En effet, d'après le lemme précédent, les fonctions entières

$$P_1(z) = P[H_1(z), H_2(z), \ldots, H_\nu(z)]$$

et

$$Q[H_1(z), H_2(z), \ldots, H_\nu(z)] = Q_1(z)$$

seront d'ordre ρ_1 et ρ_2 inférieur à ρ et, par conséquent, nous aurons les inégalités

$$|P_1(z)| < e^{r^{\rho_1+\varepsilon}}, \qquad |Q_1(z)| < e^{r^{\rho_2+\varepsilon}},$$
$$|P_1(z)| > e^{-r^{\rho_1+\varepsilon}}, \qquad |Q_1(z)| > e^{-r^{\rho_2+\varepsilon}},$$

les premières à partir d'une valeur de r et les secondes pour les valeurs de r infiniment grandes. Il en résulte que nous aurons sur la circonférence $|z| = r$

$$|M(z)| = \left| \frac{P_1(z)}{Q_1(z)} \right| < \frac{e^{r^{\rho_1+\varepsilon}}}{e^{-r^{\rho_2+\varepsilon}}} = e^{r^{\rho_1+\varepsilon}} . e^{r^{\rho_2+\varepsilon}} < e^{2r^{\rho_3+\varepsilon}} < e^{r^{\rho_3+\varepsilon_1}},$$

où ρ_3 désigne le plus grand des nombres ρ_1 et ρ_2 et $\varepsilon_1 > \varepsilon$.

On en tire l'inégalité

$$(10) \qquad\qquad |M(z)| < e^{r^{\rho-\theta}},$$

où θ désigne un nombre positif quelconque inférieur à $\rho - \rho_3 - \varepsilon_1$, ε_1 étant avec ε arbitrairement petit.

On démontrera de la même manière l'inégalité

$$|M(z)| > e^{-r^{\rho-\theta}}$$

satisfaite, ainsi que (10), à partir d'une valeur de r, sauf, peut-être, quelques intervalles exceptionnels d'étendue totale négligeable.

Les cinq lemmes nous permettront maintenant de faire très facilement la démonstration du théorème de M. Borel.

5. Démonstration du théorème de M. Borel. — Elle est analogue à celle du n° 3, concernant les cas où les coefficients $f_i(z)$ sont des polynomes, et sera faite aussi par divisions et dérivations successives; la modification esssentielle que nous apporterons au procédé du n° 3 consiste en ce que chaque fois la division sera faite par un terme, entièrement pris, et non seulement par l'exponentielle; au commencement, par exemple, nous diviserons par $f_n(z)e^{H_n(z)}$ et non pas par l'exponentielle $e^{H_n(z)}$ seule et ensuite nous ferons la première dérivation qui éliminera ce dernier terme et nous donnera une nouvelle identité

$$(10') \qquad \left\{ \left[\frac{f_1(z)}{f_n(z)} \right]' + \frac{f_1(z)}{f_n(z)} [H_1(z) - H_n(z)]' \right\} e^{H_1(z)-H_n(z)} + \ldots = 0.$$

Nous remarquons que les coefficients des exponentielles de cette identité ne seront pas identiquement nuls; en effet, l'identité,

$$\left[\frac{f_1(z)}{f_n(z)}\right]' + \frac{f_1(z)}{f_n(z)}[\mathrm{H}_1(z) - \mathrm{H}_n(z)]' = 0$$

entraînerait la suivante :

$$(11) \qquad \frac{f_1(z)}{f_n(z)} = c\, e^{\mathrm{H}_n(z)-\mathrm{H}_1(z)}$$

qui est impossible pour les raisons suivantes : 1° Chacune des fonctions $f_1(z)$ et $f_2(z)$ n'est pas, par hypothèse, identiquement nulle;

2° Les fonctions $f_1(z)$ et $f_2(z)$ étant, par hypothèse, d'ordre inférieur à ρ, nous aurons, d'après le lemme V, l'inégalité

$$(12) \qquad \left|\frac{f_1(z)}{f_n(z)}\right| < e^{r^{\rho-\delta}} \qquad (\delta,\ \text{un nombre positif}),$$

à partir d'une valeur de r, sauf, peut-être, quelques intervalles d'étendue négligeable.

3° La différence $\mathrm{H}_n(z) - \mathrm{H}_1(z)$ étant, par hypothèse, de degré au moins égal à ρ, nous aurons à partir d'une valeur de r (sans aucune exception) l'inégalité

$$(13) \qquad \max. \,|\,e^{\mathrm{H}_n(z)-\mathrm{H}_1(z)}\,| > e^{r^{(1-\varepsilon)\rho}} \ \text{ou bien} > e^{r^{\rho-\varepsilon_1}},$$

ε_1 étant, ainsi que ε, positif, et arbitrairement petit.

Les inégalités (12) et (13) nous montrent qu'il est impossible d'avoir l'identité (11), parce que, sur certains points de la circonférence $|z| = r$, le module de l'exponentielle $e^{\mathrm{H}_n(z)-\mathrm{H}_1(z)}$ sera, pour r infiniment grand, plus grand que $e^{r^{\rho-\varepsilon_1}}$, tandis que le module du premier membre sera inférieur à

$$e^{r^{\rho-\delta}} < e^{r^{\rho-\varepsilon_1}} \qquad (\text{en prenant } \varepsilon_1 < \delta),$$

c'est-à-dire, exception faite des intervalles exceptionnels, le module du second membre est d'ordre de grandeur supérieur à celui du premier.

En répétant sur l'identité (10') la division et dérivation nous obtiendrons une nouvelle ayant seulement $n - 2$ termes et ainsi de suite; nous procédons en diminuant de proche en proche le nombre des termes. Nous arriverons enfin à une identité avec une seule exponentielle de la forme

$$(14) \quad e^{\mathrm{H}_i(z)-\mathrm{H}_p(z)}$$
$$= \mathrm{R}[f_1(z), f_2(z), \ldots, f_n(z), f_1'(z), f_2'(z), \ldots, f_n'(z), \mathrm{H}_1'(z), \mathrm{H}_2'(z), \ldots, \mathrm{H}_n'(z)],$$

où le second membre est une fonction rationnelle des quantités qui
figurent dans la parenthèse et sont ou bien des polynomes ou bien des
fonctions entières d'ordre inférieur à ρ. Or, d'après les considérations
plus haut indiquées, les deux termes de cette fraction R ne sont pas
identiquement nuls dans le cas où les $f_i(z)$ ne le sont pas; d'autre
part, d'après le lemme V, il existe un nombre positif θ tel que le
module du second membre de l'égalité (14) soit, pour des valeurs
infiniment grandes de r, inférieur à $e^{r^2\theta}$, tandis que, d'après le
lemme II, le module maximum du premier membre $e^{\Pi_1(z)-\Pi_2(z)}$ sur
chaque circonférence $|z| = r$ dépasse, à partir d'une valeur de r, la
quantité

$$e^{r^{\xi-\varepsilon}} > e^{r^{\xi-\theta}},$$

ε étant un nombre positif arbitrairement petit donné d'avance.

Nous en concluons que l'identité (14) et, par conséquent, l'identité
donnée (8) est impossible lorsque les coefficients $f_1(z)$, $f_2(z)$, ...,
$f_n(z)$ ne sont pas tous identiquement nuls. Le théorème de M. Borel
est ainsi démontré.

Dans un Chapitre suivant nous exposerons la forme la plus générale
du théorème de M. Borel, en considérant aussi des fonctions entières
d'ordre infini.

5'. **Remarque importante.** — Nous tenons ici à indiquer une généralisation du théorème démontré qui nous sera utile dans le Chapitre
actuel.

*Le théorème de M. Borel s'étend au cas plus général où les
coefficients $f_i(z)$ sont des fonctions méromorphes d'ordre inférieur à ρ.*

Soit

$$f(z) = \frac{M(z)}{N(z)}$$

une fonction méromorphe (quotient de deux fonctions entières)
irréductible [c'est-à-dire on suppose que les deux termes de la fraction n'ont pas des zéros communs]. Nous appelons ordre de $f(z)$,
d'après la définition donnée par M. Borel, le plus grand des ordres des
deux termes de la fraction. Alors, d'après le lemme V, si la fonction
méromorphe $f(z)$ est d'ordre inférieur à ρ, il existera un nombre

positif θ tel que l'on ait les inégalités,

$$e^{-r^{\rho-\theta}} < |f(z)| < e^{r^{\rho-\theta}},$$

sauf, peut-être, quelques intervalles d'étendue totale négligeable.

Plus précisément, si $f(z)$ est d'ordre ρ_1 nous aurons les inégalités

$$|f(z)| < e^{r^{\rho_1+\varepsilon}},$$
$$|f(z)| > e^{-r^{\rho_1+\varepsilon}}.$$

En effet, nous avons

$$e^{-r^{\rho_1+\varepsilon}} < |M(z)| < e^{r^{\rho_1+\varepsilon}}, \qquad e^{-r^{\rho_1+\varepsilon}} < |N(z)| < e^{r^{\rho_1+\varepsilon}}.$$

Nous en tirons

$$|f(z)| = \left|\frac{M(z)}{N(z)}\right| < \frac{e^{r^{\rho_1+\varepsilon}}}{e^{-r^{\rho_1+\varepsilon}}} = e^{2r^{\rho_1+\varepsilon}} < e^{r^{\rho_1+\varepsilon_1}} \qquad (\varepsilon_1 > \varepsilon),$$

$$|f(z)| = \left|\frac{M(z)}{N(z)}\right| > \frac{e^{-r^{\rho_1+\varepsilon}}}{e^{r^{\rho_1+\varepsilon}}} = e^{-2r^{\rho_1+\varepsilon}} > e^{-r^{\rho_1+\varepsilon_1}} \qquad (\varepsilon_1 > \varepsilon).$$

5″. **Cas de possibilité de l'identité**

$$(14') \qquad\qquad \sum f_i(z)\, e^{H_i(z)} = 0.$$

Nous avons vu qu'il faut, pour la démonstration de M. Borel, supposer que toutes les différences $H_i(z) - H_j(z)$ doivent être des polynomes de degré au moins égal à ρ, les coefficients $f_i(z)$ étant d'ordre inférieur à ρ. Cette hypothèse est fondamentale, puisque, dans les cas contraires, l'identité $(14')$ est bien possible.

Pour nous en rendre compte supposons, par exemple, que la différence $H_2(z) - H_1(z) = \Delta(z)$ soit de degré inférieur à ρ; alors, les deux termes

$$f_1(z)\, e^{H_1(z)} + f_2(z)\, e^{H_2(z)}$$

peuvent se réduire de la façon suivante :

$$\begin{aligned}
f_1(z)\, e^{H_1(z)} + f_2(z)\, e^{H_2(z)} &= f_1(z)\, e^{H_1(z)} + f_2(z)\, e^{H_1(z)+\Delta(z)}\\
&= f_1(z)\, e^{H_1(z)} + f_2(z)\, e^{H_1(z)}\, e^{\Delta(z)}\\
&= [f_1(z) + f_2(z)\, e^{\Delta(z)}]\, e^{H_1(z)}\\
&= \varphi(z)\, e^{H_1(z)},
\end{aligned}$$

où la fonction entière

$$\varphi(z) = f_1(z) + f_2(z)\, e^{\Delta(z)}$$

est évidemment d'ordre inférieur à ρ et, par conséquent, la somme

$$f_1(z)\,e^{H_1(z)} + f_2(z)\,e^{H_2(z)}$$

se réduit à un seul terme $\varphi(z)e^{H(z)}$ de la même forme et ayant la même propriété concernant le degré de l'exposant et l'ordre du coefficient $\varphi(z)$.

Remarquons maintenant que le nouveau coefficient $\varphi(z)$ peut être nul, tandis que les coefficients primitifs sont supposés différents de zéro.

C'est ainsi que tous les termes primitifs peuvent subir des modifications, causées par des réductions analogues à celles que nous venons de citer, telles que les nouveaux coefficients soient tous identiquement nuls, ce qui entraîne la possibilité de $(14')$.

Un cas particulier. — Un cas particulier de possibilité de l'identité $(14')$ qui présente un intérêt spécial est celui où certains (deux ou plusieurs) exposants $H_i(z)$ sont de degré inférieur à ρ et, par conséquent, certains (deux ou plusieurs) termes sont d'ordre inférieur à ρ; tous les autres étant d'ordre égal à ρ. Dans ce cas, les termes d'ordre inférieur à ρ ne sauraient se réduire, dans le sens ci-dessus indiqué, avec les termes d'ordre ρ, et, par conséquent, les termes d'ordre inférieur à ρ se réduiront entre eux et leur somme doit être considérée comme un terme de la nouvelle identité obtenue après toutes les réductions possibles.

En appliquant, donc, le théorème de M. Borel à la nouvelle identité (la transformée) nous concluons que *la somme de tous les termes d'ordre inférieur à ρ doit être nulle* et, par conséquent, l'identité $(14')$ *sera décomposée en deux autres;* c'est là une propriété caractéristique du cas particulier en question, qui est très intéressant et nous sera très utile au sujet de l'extension aux fonctions multiformes du théorème de M. Picard et de ses généralisations.

En effet, la décomposition de l'identité $(14')$ n'est assurée que dans le cas où il y a des exponentielles de divers ordres : dans le cas contraire, il peut se faire que la somme de tous les termes se réduise en un seul terme dont le coefficient soit nul, et, alors, la décomposition n'a pas lieu.

Un exemple de cas particulier, où l'identité est décomposable, est celui où certains termes ne sont que des polynomes entiers ou des fonctions rationnelles, les autres étant des fonctions entières transcendantes d'ordre ρ.

CHAPITRE II.

GÉNÉRALITÉS SUR LES FONCTIONS ALGÉBROÏDES.

6. Nous appelons *algébroïde* (dans tout le plan) toute fonction $u = a(z)$ ayant un nombre fini de branches dans tout le plan et n'admettant pas à distance finie des singularités transcendantes. Les fonctions symétriques élémentaires des ν branches u_1, u_2, u_3, ..., u_ν seront des fonctions uniformes dans tout le plan et, par conséquent, des fonctions méromorphes. Nous en concluons que la fonction $u = a(z)$ satisfera à une équation de la forme

$$(15) \quad F(z, u) = u^\nu + A_1(z)u^{\nu-1} + A_2(z)u^{\nu-2} + \ldots + A_{\nu-1}(z)u + A_\nu(z) = 0,$$

où les $A_i(z)$ désignent des fonctions méromorphes. Lorsque les $A_i(z)$ sont des fonctions entières, l'algébroïde $u = a(z)$ ne prend pas la valeur ∞ à distance finie et sera appelée *algébroïde entière*. Dans le cas particulier où les coefficients $A_i(z)$ sont des fonctions rationnelles, l'algébroïde $u = a(z)$ devient *algébrique*. Inversement, il est clair que toute équation de la forme (15), où les $A_i(z)$ sont méromorphes, définit une fonction algébroïde.

Si les $A_i(z)$ sont méromorphes dans un domaine D nous dirons que la fonction $u = a(z)$ définie par (15) est algébroïde dans le domaine D : elle n'y admet comme singularités que des pôles et des points critiques algébriques.

Si l'ensemble des pôles des $A_i(z)$ est fini, l'algébroïde $u = a(z)$ sera finie (ne prendra pas la valeur infinie) dans le voisinage de l'infini.

Ordre d'une algébroïde. — Nous appelons *ordre* de l'algébroïde $u = a(z)$, supposée entière, le plus grand des ordres des coefficients $A_i(z)$; si l'une au moins des $A_i(z)$ est d'ordre infini, nous dirons que l'algébroïde $u = a(z)$ est aussi d'ordre infini. Nous nous bornerons, pour la clarté des idées, au cas d'ordre fini; soit ρ cet ordre.

7. Théorème de module maximum. — Si $M(r)$ désigne le module maximum, sur la circonférence $|z| = r$, d'une branche quelconque de l'algébroïde $u = a(z)$, il est facile de démontrer que l'inégalité

$$(16) \qquad M(r) < e^{r^{\rho+\varepsilon}}$$

est satisfaite à partir d'une valeur de r et que l'inégalité

$$(17) \qquad M(r) > e^{r^{\rho-\varepsilon}}$$

est satisfaite pour une infinité de valeurs de r croissantes indéfiniment et pour une au moins des branches.

Démonstration. — Écrivons l'équation (15) sous la forme

$$(17') \quad u^\nu\left[1 + A_1(z)\frac{1}{u} + A_2(z)\frac{1}{u^2} + \ldots + A_{\nu-1}(z)\frac{1}{u^{\nu-1}} + A_\nu(z)\frac{1}{u^\nu}\right] = 0$$

et remarquons que, s'il y avait des valeurs de r infiniment grandes satisfaisant à l'inégalité

$$(18) \qquad M(r) > e^{r^{\rho+\varepsilon}},$$

ε étant un nombre positif arbitrairement petit, pour ces valeurs de r les termes

$$A_1(z)\frac{1}{u}, \quad A_2(z)\frac{1}{u^2}, \quad \ldots, \quad A_\nu(z)\frac{1}{u^\nu}$$

tendraient vers zéro avec $\frac{1}{r}$.

En effet, nous avons

$$|A_k(z)| < e^{r^{\rho+\varepsilon_1}} \qquad (\varepsilon_1 > 0 \text{ et arbitraire}),$$

à partir d'une valeur de r.

D'autre part, d'après l'inégalité (18), nous aurions, pour certains points de la circonférence $|z| = r$, l'inégalité

$$|u^k| > e^{kr^{\rho+\varepsilon_2}} > e^{r^{\rho+\varepsilon_2}} \quad \text{où} \quad \varepsilon_2 > \varepsilon_1 \quad \text{et} \quad (k = 1, 2, 3, \ldots, \nu),$$

et, par conséquent,

$$\frac{1}{|u^k|} < e^{-r^{\rho+\varepsilon_2}} \qquad (k = 1, 2, 3, \ldots, \nu).$$

Donc

$$(19) \qquad \left|A_k(z)\frac{1}{u^k}\right| < e^{r^{\rho+\varepsilon_1} - r^{\rho+\varepsilon_2}} = e^{r^{\rho+\varepsilon_1}(1 - r^{\varepsilon_2-\varepsilon_1})},$$

et, si nous prenons $\varepsilon_2 > \varepsilon$, la puissance $r^{\varepsilon_2-\varepsilon}$ tend vers l'infini avec r et l'exposant de la puissance (19) tend vers l'infini négatif.

Nous en concluons que l'hypothèse (18) entraînerait l'existence de points de module assez grand qui n'annulent pas la parenthèse de la formule (17') et, par conséquent, ne sauraient satisfaire à l'équation (17'). Donc, l'hypothèse (18) est inadmissible.

Démontrons maintenant l'inégalité (17).

Si la formule

$$M(r) \geqq e^{r^{\rho-\varepsilon}}$$

était satisfaite à partir d'une certaine valeur de r et pour toutes les branches, il en serait de même du module maximum des fonctions $A_1(z)$, $A_2(z)$, $A_\nu(z)$ qui satisferaient à une inégalité

$$(20) \qquad M_i(r) < e^{r^{\rho-\varepsilon_1}} \quad \text{où} \quad \varepsilon_1 < \varepsilon \quad \text{et} \quad i = 1, 2, 3, \ldots, \nu),$$

$M_i(r)$ étant le module maximum de $A_i(z)$.

Cela résulte bien des relations bien connues entre les coefficients $A_i(z)$ et les diverses branches de la fonction algébroïde.

Mais les inégalités (20), satisfaites à partir d'une valeur de r, sont en contradiction avec notre hypothèse que les coefficients $A_i(z)$ ne sont pas tous d'ordre inférieur à ρ.

Notre théorème sur le module maximum est donc démontré et justifie bien la définition d'ordre que nous avons donnée pour les fonctions algébroïdes [14].

8. Ensemble des points qui satisfont à l'inégalité (17). — Il est utile pour la suite de chercher une limite inférieure de l'étendue des arcs du cercle de rayon r, sur lesquels une au moins branche de l'algébroïde satisfait à l'inégalité (17).

En effet, nous allons démontrer que, si une branche $u = a(z)$ satisfait à l'inégalité (17) pour un point de module assez grand, il en sera de même de l'un, au moins, des coefficients $A_i(z)$ [en remplaçant ε par un autre ε_1 plus grand que ε mais quelconque].

La démonstration est facile : si, pour cette valeur $z = z_0$, on avait

$$|A_i(z)| < k\, e^{r^{\rho-\varepsilon_1}} \qquad (k < 1; \ i = 1, 2, 3, \ldots, \nu)$$

l'équation

$$(21) \qquad\qquad F(z, u) = 0$$

ne saurait être satisfaite pour $r = |z_0|$ assez grand.

En effet, écrivons l'équation (21) sous la forme $(17')$ et remarquons
que l'on aurait

$$\left| A_1(z)\frac{1}{u} + A_2(z)\frac{1}{u^2} + \ldots + A_\nu(z)\frac{1}{u^\nu} \right|$$
$$< k\left(e^{r^{\rho-\epsilon_1}-r^{\rho-\epsilon}} + e^{r^{\rho-\epsilon_1}-2r^{\rho-\epsilon}} + e^{r^{\rho-\epsilon_1}-3r^{\rho-\epsilon}} + \ldots \right)$$

et

$$(22) \qquad \left| A_1(z)\frac{1}{u} + A_2(z)\frac{1}{u^2} + \ldots + A_\nu(z)\frac{1}{u^\nu} \right|$$
$$< k\left[e^{r^{\rho-\epsilon_1}(1-r^{\epsilon_1-\epsilon})} + e^{r^{\rho-\epsilon_1}(1-2r^{\epsilon_1-\epsilon})} + \ldots \right].$$

Or, si $\epsilon_1 > \epsilon$, le second membre de (22) tend visiblement vers zéro
et sera, à partir d'une valeur de r, inférieur à $\frac{1}{k}$ et l'on aura

$$\left| A_1(z)\frac{1}{u} + \ldots + A_\nu(z)\frac{1}{u^\nu} \right| < 1.$$

Dès lors, il est clair que l'équation (21) n'est pas satisfaite pour
un tel point de module assez grand. Il en résulte que :

*Tous les points de module assez grand satisfaisant, pour une
au moins des branches, à l'inégalité*

$$(23) \qquad |a(z)| > e^{r^\epsilon}$$

satisfont aussi à l'une, au moins, des inégalités

$$(24) \qquad |A_i(z)| > e^{r^{\rho-\epsilon_1}} \qquad (i = 1, 2, 3, \ldots, \nu),$$

où ϵ_1 désigne un nombre positif plus grand que ϵ, mais quelconque.

Appelons U_ϵ l'ensemble des points du cercle de rayon r qui
satisfont, pour une au moins des branches, à l'inégalité (23) et
E_ϵ l'ensemble des points du même cercle qui satisfont à l'une au
moins des inégalités

$$(25) \qquad |A_i(z)| > e^{r^{\rho-\epsilon}} \qquad (i = 1, 2, 3, \ldots, \nu).$$

Cela posé, le théorème ci-dessus peut s'énoncer :

L'ensemble U_ϵ *fait partie de l'ensemble* E_{ϵ_1}, ϵ_1 *étant supérieur
à* ϵ. La réciproque est presque évidente :

Soit z_0 un point du cercle $|z| = r$ satisfaisant à l'une au moins
des inégalités (25); si, pour ce point, toutes les branches de l'algé-

broïde satisfaisaient à l'inégalité

$$|a(z)| < e^{r^{\rho - \varepsilon_1}}$$

alors tous les coefficients $A_i(z)$ satisferaient (grâce aux relations entre eux et les branches de l'algébroïde) à l'inégalité

$$|A_i(z)| < e^{r^{\rho - \varepsilon_2}} \qquad (\varepsilon_2 < \varepsilon_1 ; \; i = 1, 2, 3, \ldots, \nu),$$

ce qui est en contradiction avec notre hypothèse pour $\varepsilon_2 > \varepsilon$.

Donc, *tout point de l'ensemble* E_ε *appartient aussi à l'ensemble* U_{ε_1} *où* $\varepsilon_1 > \varepsilon$.

Ces théorèmes qui donnent une comparaison des ensembles U et E sont très utiles puisqu'ils nous fournissent le moyen de ramener les fonctions algébroïdes au cas des fonctions uniformes.

9. **Théorème de module minimum.** — Nous allons maintenant étendre aux fonctions algébroïdes le théorème de M. Hadamard sur le module minimum; il est aisé de démontrer que toutes les branches de $a(z)$ satisfont à l'inégalité

$$|a(z)| > e^{-r^{\rho + \varepsilon}},$$

les intervalles d'exclusion étant aussi bien négligeables que ceux qui concernent les fonctions entières.

Supposons, en effet, qu'il n'en soit pas ainsi pour une certaine branche et que, pour un point $z = z_0$ de module assez grand, on ait

$$|a(z)| < e^{-r^{\rho + \varepsilon}},$$

il en résulterait

$$|A_k(z) \lceil a(z) \rceil^{\nu - k}| < e^{-(\nu - k) r^{\rho + \varepsilon}} e^{r^{\rho + \delta}} < e^{-r^{\rho + \varepsilon_1}},$$

où δ est suffisamment petit et $\varepsilon_1 < \varepsilon$.

Cela acquis, l'équation

$$u^\nu + A_1(z) u^{\nu - 1} + A_2(z) u^{\nu - 2} + \ldots + A_{\nu - 1}(z) u + A_\nu(z) = 0, \quad \text{où} \quad u = a(z),$$

montre que l'on aura

$$(26) \qquad |A_\nu(z)| < e^{-r^{\rho + \varepsilon_2}}, \quad \text{où} \quad \varepsilon_2 < \varepsilon_1$$

et, par conséquent, le point z_0 appartient à un arc d'exclusion pour la fonction entière ou méromorphe $\Lambda_\nu(z)$, c'est-à-dire à l'ensemble des points du cercle $|z| = r$, qui satisfont à l'inégalité (26).

Ainsi la question se ramène au cas des fonctions entières.

Nous en déduisons le théorème suivant :

Si l'on exclut du cercle de rayon r certains arcs dont la longueur totale tend vers zéro avec $\frac{1}{r}$ comme e^{-r^α} (α étant un nombre positif quelconque et inférieur à ε), tous les autres points du cercle satisfont à l'inégalité

$$|\mathrm{a}(z)| > e^{-r^{2+\varepsilon}},$$

et cela pour toutes les branches de l'algébroïde $u = \mathrm{a}(z)$.

Ce théorème est l'extension de celui que j'ai établi dans une Note du *Bulletin de la Société math. de France* (t. **32**, 1904, p. 3 14) et qui constitue une extrême précision du théorème bien connu de M. Hadamard sur le module minimum pour les fonctions entières d'ordre fini.

10. La croissance de la dérivée. — La dérivée d'une algébroïde $u = \mathrm{a}(z)$ est aussi algébroïde et se trouve déterminée par l'équation qui résulte de l'élimination de u entre l'équation donnée

$$F(z, u) = 0$$

et celle qui s'en déduit par la dérivation

$$u^\nu + \Lambda'_1(z)u^{\nu-1} + \ldots + \Lambda'_{\nu-1}(z)u + \Lambda'_\nu(z)$$
$$+ u'[\nu u^{\nu-1} + (\nu-1)u^{\nu-2}\Lambda_1(z) + \ldots + \Lambda_{\nu-1}(z)] = 0.$$

Comme une fonction entière a le même ordre avec sa dérivée, nous en concluons immédiatement que *la dérivée $u'_z = \mathrm{a}'(z)$ ne saurait avoir un ordre supérieur à celui de $u = \mathrm{a}(z)$.*

11. Croissance de la partie réelle d'une algébroïde $u = \mathrm{a}(z)$. — M. Borel a montré, dans son Mémoire sur les zéros des fonctions entières (déjà cité) la relation étroite qui existe entre la croissance du maximum $M(r)$ du module d'une fonction entière pour $|z| = r$ et la croissance des fonctions suivantes : le maximum $P(r)$ des valeurs positives de la partie réelle de $f(z)$ pour $|z| = r$, et le minimum $-P_1(r)$ des valeurs négatives de cette partie réelle.

MM. Hadamard et Borel ont montré les inégalités

$$P(r) > [M(r)]^{1-\varepsilon(r)}, \qquad P_1(r) > [M(r)]^{1-\varepsilon(r)},$$

où $\varepsilon(r)$ désigne une quantité qui tend vers zéro lorsque r croît indéfiniment par valeurs positives, sauf quelques intervalles d'exclusion d'étendue négligeable.

J'ai étendu cette propriété aux fonctions algébroïdes multiformes dans un travail publié dans les *Rendiconti del Circolo Matematico di Palermo* [Extension d'un théorème de M. Borel aux fonctions algébroïdes...]; pour la démonstration je ferai usage d'une méthode simple indiquée par M. Valiron dans sa Note *Sur quelques théorèmes de M. Borel* (*Bull. de la Soc. math. de France*, fasc. 3 et 4, 1914, p. 251).

Considérons toujours la fonction algébroïde à ν branches $u = a(z)$ définie par l'équation

$$(26') \qquad u^\nu + A_1(z)u^{\nu-1} + \ldots + A_\nu(z) = 0,$$

où les $A_i(z)$ désignent des fonctions entières; adoptons les notations de M. Valiron et désignons par $U(r)$ le maximum du module des diverses branches $u_i(z)$ pour $|z| = r$ par $[M_k(r)]^k$ le maximum de $|A_k(z)|$ et par $M(r)$ le plus grand des nombres $M_k(r)$. Il est facile de démontrer qu'il existe deux constantes positives A et B telles que l'on ait

$$(26'') \qquad B\,U(r) < M(r) < A\,U(r).$$

En effet, ces deux inégalités se déduisent immédiatement l'une des relations bien connues entre les racines et les coefficients d'une équation algébrique et l'autre de la borne supérieure des modules des racines.

Désignons par n la valeur de K qui correspond au maximum $M(r)$ et par $[P_n(r)]^n$ et $[Q_n(r)]^n$ le maximum de la valeur absolue de la partie réelle et du coefficient de i de la fonction $A_n(z)$, et supposons que la valeur r n'appartienne pas aux intervalles d'exclusion pour aucun coefficient $A_i(z)$.

Alors, d'après le théorème analogue de la croissance de la partie réelle et du coefficient de i des fonctions entières, nous aurons les formules

$$[\mathrm{M}(r)]^{n(1-\varepsilon)} = [\mathrm{M}_n(r)]^{n(1-\varepsilon)} < [\mathrm{P}_n(r)]^n < [\mathrm{M}_n(r)]^n = [\mathrm{M}(r)]^n,$$
$$[\mathrm{M}(r)]^{n(1-\varepsilon)} = [\mathrm{M}_n(r)]^{n(1-\varepsilon)} < [\mathrm{Q}_n(r)]^n < [\mathrm{M}_n(r)]^n = [\mathrm{M}(r)]^n$$

(ε étant positif et arbitrairement petit) et, par conséquent, les inégalités

$$[\mathrm{M}(r)]^{1-\varepsilon} < \mathrm{P}_n(r) < \mathrm{M}(r),$$
$$[\mathrm{M}(r)]^{1-\varepsilon} < \mathrm{Q}_n(r) < \mathrm{M}(r).$$

On en déduit, en vertu de la formule $(26'')$,

$$(\tau) \qquad \begin{cases} [\mathrm{U}(r)]^{1-\theta} < \mathrm{P}_n(r) < \mathrm{A}\,\mathrm{U}(r), \\ [\mathrm{U}(r)]^{1-\theta} < \mathrm{Q}_n(r) < \mathrm{A}\,\mathrm{U}(r) \end{cases}$$

(θ positif et supérieur à ε), la première étant réalisée en un point ζ et la seconde en un point ζ' du cercle $|z| = r$.

Cela fait, envisageons une branche $u_i(z)$ de notre fonction algébroïde et désignons par $p_i(r)$ et $q_i(r)$ le maximum de la valeur absolue de la partie réelle et du coefficient de la branche $u_i(z)$ et par $p(r)$ et $q(r)$ les plus grands des nombres $p_i(r)$ et $q_i(r)$.

Alors, d'après les relations élémentaires entre les branches $u_i(r)$ et les coefficients $\mathrm{A}_i(z)$ de l'équation $(26')$, décomposées chacune en deux par la séparation des parties réelles et des parties imaginaires, nous aurons les égalités

$$(26''') \quad \begin{cases} [\mathrm{P}_n(r)]^n = \sum p_1(\zeta)\,p_2(\zeta)\ldots p_n(\zeta) \\ \qquad\qquad - \sum p_1(\zeta)\,p_2(\zeta)\ldots p_{n-2}(\zeta)\,q_{n-1}(\zeta)\,q_n(\zeta) + \ldots, \\[2mm] [\mathrm{Q}_n(r)]^n = \sum p_1(\zeta')\,p_2(\zeta')\ldots p_{n-1}(\zeta')\,q_n(\zeta') \\ \qquad\qquad - \sum p_1(\zeta')\ldots p_{n-3}(\zeta')\,q_{n-2}(\zeta')\,q_{n-1}(\zeta')\,q_n(\zeta') + \ldots, \end{cases}$$

d'où

$$[\mathrm{P}_n(r)]^n \leqq \alpha\,m, \qquad [\mathrm{Q}_n(r)]^n \leqq \alpha_1\,m_1,$$

où les α et α' désignent le nombre des termes des seconds membres des égalités $(26''')$ et les m et m_1 désignent le terme du plus grand module dans les mêmes seconds membres. Si, donc, ces termes correspondent aux indices k et l, nous aurons les formules

$$p_{i1}(r)p_{i2}(r)\ldots p_{ik}(r)\,q_{ik+1}(r)\ldots q_{in}(r) \geqq \frac{1}{\alpha}\,[\,P_n(r)]^n,$$

$$p_{j1}(r)p_{j2}(r)\ldots p_{jl}(r)\,q_{jl+1}(r)\ldots q_{jn}(r) \geqq \frac{1}{\alpha_1}[\,Q_n(r)]^n.$$

Mais, en vertu des formules (τ), nous avons les inégalités

$$[U(r)^{n-n\theta} < [\,P_n(r)]^n < \Lambda_1[U(r)]^n$$
$$[U(r)^{n-n\theta} < [\,Q_n(r)]^n < \Lambda_1[U(r)]^n \qquad (\Lambda_1 = \Lambda^n).$$

qui, avec l'application des formules précédentes, entraînent

$$(26^{\mathrm{IV}}) \quad \begin{cases} p_{i1}(r)p_{i2}(r)\ldots p_{ik}(r)\,q_{ik+1}(r)\ldots q_{in}(r) > \dfrac{1}{\alpha}[U(r)]^{n-n\theta}, \\[2ex] p_{j1}(r)p_{j2}(r)\ldots p_{ji}(r)\,q_{jl+1}(r)\ldots q_{jn}(r) > \dfrac{1}{\alpha_1}[U(r)]^{n-n\theta}. \end{cases}$$

Or, il est clair que chaque facteur de ces premiers membres est inférieur ou égal à $U(r)$ et, par conséquent, tous ces facteurs sont supérieurs ou égaux à

$$\frac{1}{\alpha}[U(r)]^{1-n\theta}$$

ou à

$$\frac{1}{\alpha_1}[U(r)]^{1-n\theta}$$

puisque, dans le cas contraire, chacun de ces deux membres serait inférieur ou égal à

$$[U(r)]^{n-1}\frac{1}{\alpha}[U(r)]^{1-n\theta} = \frac{1}{\alpha}[U(r)]^{n-n\theta}$$

ou

$$\frac{1}{\alpha_1}[U(r)]^{n-n\theta},$$

ce qui est en contradiction avec les inégalités (26^{IV}).

D'autre part, la parité du nombre des facteurs p_i et q_i qui figurent dans les inégalités (26^{IV}) y est différente, nous en concluons qu'il existe un au moins p_i et un au moins q_i qui satisfont aux formules

$$p_i(r) \geqq \frac{1}{\alpha}[U(r)]^{1-n\theta} > [U(r)]^{1-\varepsilon_1},$$

$$q_i(r) \geqq \frac{1}{\alpha_1}[U(r)]^{1-n\theta} > [U(r)]^{1-\varepsilon_1},$$

où ε_1 est un nombre positif supérieur à une quantité ne dépendant
que des α, n et ϑ, et, par conséquent, arbitrairement petit, puisqu'il
en est de même de la quantité ϑ qui est aussi arbitrairement petite.

Ainsi, le théorème classique de la croissance de la partie réelle
(et du coefficient de i) des fonctions entières est étendue aux algébroïdes multiformes.

THÉORÈME. — *Soit $u = \mathfrak{a}(z)$ une algébroïde multiforme entière
(finie à distance finie) et désignons par $U(r)$ le module maxi-
mum de ses branches sur le cercle $|z| = r$ et par $p(r)$ et $q(r)$ le
plus grand des maximums des valeurs absolues de la partie
réelle et du coefficient de i dans les diverses branches. Alors, si ε
désigne un nombre positif quelconque donné d'avance, nous
aurons les inégalités*

$$p(r) > [U(r)]^{1-\varepsilon},$$
$$q(r) > [U(r)]^{1-\varepsilon}$$

*à partir d'une valeur de r, sauf, peut-être, quelques intervalles
d'étendue totale négligeable* [25].

Remarque. — Remarquons que les inégalités (26″) nous per-
mettent évidemment de donner une nouvelle démonstration plus
simple du théorème du module maximum d'une algébroïde.

CHAPITRE III.

GÉNÉRALISATION ET EXTENSION AUX FONCTIONS ALGÉBROÏDES DES THÉORÈMES DE M. PICARD.

12. PREMIER THÉORÈME DE M. PICARD. — Son énoncé déjà classique
est le suivant :

*Toute fonction entière ou méromorphe $u = \varphi(z)$ prend dans le
domaine de l'infini toutes les valeurs, sauf, peut-être, deux au
plus (l'infini compris), c'est-à-dire :*
L'équation

$$\varphi(z) = u$$

admet, par rapport à z, une infinité de racines pour toute valeur de u, sauf, peut-être, deux au plus ($l'infini$ compris).

Envisageons maintenant une algébroïde $u = a(z)$ entière (finie à distance finie) définie par l'équation

$$(27) \quad F(z, u) = u^\nu + A_1(z)u^{\nu-1} + A_2(z)u^{\nu-2} + \ldots + A_{\nu-1}(z)u + A_\nu(z) = 0,$$

où l'un au moins des coefficients $A_i(z)$ est une transcendante entière d'ordre ρ.

Nous appellerons *exceptionnelle* toute valeur que la fonction ne prend pas dans le voisinage de l'infini ; c'est ainsi que l'infini est, par hypothèse, une valeur exceptionnelle.

Il est clair que, pour qu'une valeur donnée $u = u_1$ soit exceptionnelle, il faut et il suffit que la fonction entière

$$F(z, u_1) = u_1^\nu + A_1(z)u_1^{\nu-1} + A_2(z)u_1^{\nu-2} + \ldots + A_{\nu-1}(z)u_1 + A_\nu(z)$$

n'admette qu'un nombre fini de zéros en ayant la forme

$$F(z, u_1) = P(z)e^{H(z)},$$

où $P(z)$ et $H(z)$ sont des polynomes entiers dans le cas où l'algébroïde est d'ordre fini.

S'il existe des valeurs de u pour lesquelles la fonction $F(z, u)$ soit un polynome, ces valeurs sont évidemment exceptionnelles ; comme elles ont un caractère spécial pour l'équation (27), nous les appellerons *exceptionnelles formelles.*

Le nombre de ces valeurs ne saurait dépasser la quantité $\nu - 1$; en effet, s'il y en avait ν : $u_1, u_2, u_3, \ldots, u_\nu$, nous aurions les identités

$$(28) \qquad F(z, u_i) = P_i(z) \qquad (i = 1, 2, 3, \ldots, \nu),$$

où les $P_i(z)$ désignent des polynomes entiers et, alors, la résolution de ces équations par rapport aux coefficients $A_1(z), A_2(z), \ldots, A_\nu(z)$ ne donnerait que des polynomes, ce qui est en contradiction avec notre hypothèse qu'un au moins des $A_i(z)$ est une *transcendante* entière.

Remarquons que le déterminant des coefficients des inconnues $A_i(z)$

dans le système (28) est le déterminant de Vandermonde

$$\begin{vmatrix} u_1^{\nu-1} & u_1^{\nu-2} & \ldots & u_1 & 1 \\ u_2^{\nu-1} & u_2^{\nu-2} & \ldots & u_2 & 1 \\ \ldots & \ldots & \ldots & \ldots & \ldots \\ u_\nu^{\nu-1} & u_\nu^{\nu-2} & \ldots & u_\nu & 1 \end{vmatrix} \neq 0.$$

Supposons maintenant que notre algébroïde admette $\nu + 1$ valeurs exceptionnelles finies et non formelles u_0, u_1, u_2, u_3, ... u_ν; nous aurons alors les identités

$$(29) \quad \begin{cases} F(z, u_i) = u_i^\nu + A_1(z) u_i^{\nu-1} + A_2(z) u_i^{\nu-2} + \ldots + A_{\nu-1}(z) u_i + A_\nu(z) = P_i(z) e^{H_i(z)} \\ (i = 0, 1, 2, 3, \ldots, \nu), \end{cases}$$

où les $P_i(z)$ et les $H_i(z)$ désignent des polynomes entiers, et l'élimination des $A_1(z)$, $A_2(z)$, ..., $A_\nu(z)$ entre les $\nu + 1$ équations (29) nous conduirait à l'identité

$$(30) \quad q_0\, P_0(z)\, e^{H_0(z)} + q_1\, P_1(z)\, e^{H_1(z)} + q_1\, P_2(z)\, e^{H_2(z)} + \ldots + q_\nu\, P_\nu(z)\, e^{H_\nu(z)} = q$$

où

$$(31) \quad q_i = \begin{vmatrix} u_0^{\nu-1} & u_0^{\nu-2} & \ldots & u_0 & 1 \\ u_1^{\nu-1} & u_1^{\nu-2} & \ldots & u_1 & 1 \\ \ldots & \ldots & \ldots & \ldots & \ldots \\ u_{i-1}^{\nu-1} & u_{i-1}^{\nu-2} & \ldots & u_{i-1} & \ldots \\ u_{i+1}^{\nu-1} & u_{i+1}^{\nu-2} & \ldots & u_{i+1} & \ldots \\ \ldots & \ldots & \ldots & \ldots & \ldots \\ u_\nu^{\nu-1} & u_\nu^{\nu-2} & \ldots & u_\nu & 1 \end{vmatrix}, \quad q = \begin{vmatrix} u_0^\nu & u_0^{\nu-1} & u_0^{\nu-2} & \ldots & u_0 & 1 \\ u_1^\nu & u_1^{\nu-1} & u_1^{\nu-2} & \ldots & u_1 & 1 \\ u_2^\nu & u_2^{\nu-1} & u_2^{\nu-2} & \ldots & u_2 & 1 \\ \ldots & \ldots & \ldots & \ldots & \ldots & \ldots \\ u_\nu^\nu & u_\nu^{\nu-1} & u_\nu^{\nu-2} & \ldots & u_\nu & 1 \end{vmatrix}.$$

Or. l'identité (30) est de la forme (5) n'ayant qu'un seul terme algébrique : le second membre q; tous les autres étant, par hypothèse, transcendants (puisque les valeurs considérées u_i ne sont pas formelles) ne peuvent subir aucune réduction avec le terme algébrique q. C'est ainsi que ce terme q restera invariable après toutes réductions possibles qui donneront à l'identité (30) la forme définitive exigée par le théorème du n° 3 et, comme le nombre q (qui est un déterminant de Vandermonde) est différent de zéro, l'identité (30) est impossible.

Donc, il est impossible que notre algébroïde admette plus que ν valeurs exceptionnelles finies distinctes et non formelles; d'autre part, comme nous avons vu, le nombre des valeurs exceptionnelles finies et formelles est au plus égal à $\nu - 1$. Nous avons donc le théorème suivant :

Théorème I. — *Une algébroïde entière (finie à distance finie)* $u = a(z)$ *à ν branches prend une infinité de fois toute valeur, sauf, peut-être, $2\nu - 1$ au plus, l'infini non compris* [12].

C'est l'extension (et généralisation) parfaite du premier théorème de M. Picard concernant les fonctions uniformes entières. Le premier théorème de M. Picard se présente comme cas particulier correspondant à la valeur $\nu = 1$.

13. Considérons maintenant une algébroïde $u = a(z)$, quelconque, définie par l'équation (27), les coefficients $A_i(z)$ étant en général méromorphes. Nous supposons, bien entendu, que l'un au moins des coefficients $A_i(z)$ soit une fonction transcendante.

Le nombre des valeurs exceptionnelles formelles ne saurait toujours (pour la même raison que dans le cas du numéro précédent) dépasser la quantité $\nu - 1$; il s'agit, bien entendu, de valeurs de u pour lesquels la fonction $f(z, u)$ soit rationnelle.

Supposons maintenant que notre algébroïde $u = a(z)$ admette $\nu + 1$ autres valeurs exceptionnelles distinctes et non formelles u_0, u_1, u_2, ..., u_ν. Nous pouvons toujours, sans diminuer la généralité de notre problème, supposer que l'infini soit une valeur exceptionnelle, puisque, dans le cas contraire, nous pouvons faire la transformation $u - u' = \dfrac{1}{W}$ qui fait correspondre la valeur $W = \infty$ à la valeur $u = u'$ supposée exceptionnelle.

Nous supposons donc que notre algébroïde admette, en dehors des valeurs formelles, $\nu + 1$ autres exceptionnelles u_0, u_1, u_2, ..., u_ν et l'infini qui n'est pas formelle. Alors, les fonctions $F(z, u_0)$, $F(z, u_1)$, $F(z, u_2)$, ..., $F(z, u_\nu)$ sont des fonctions méromorphes ayant un nombre fini de zéros et de pôles et, par conséquent, nous aurons les $\nu + 1$ équations

$$(32) \qquad F(z, u_i) = R_i(z)\, e^{H_i(z)} \qquad (i = 0, 1, 2, 3, ..., \nu),$$

où les $R_i(z)$ sont des fonctions rationnelles et les exposants $H_i(z)$ sont des polynomes entiers (il s'agit toujours du cas d'ordre fini). Alors, l'élimination des $A_i(z)$ entre les équations (32) nous conduira à l'identité

$$(33) \qquad q_0 R_0(z) e^{H_0 z} + q_1 R_1(z) e^{H_1(z)} + \ldots + q_\nu R_\nu(z) e^{H_\nu(z)} = q,$$

où les constantes q_i et q sont toujours données par les formules (31).

Or, d'après la généralisation du théorème de M. Borel, indiquée dans le n° 5' et appliquée au cas particulier où les coefficients $f_i(z)$ des exponentielles sont des fonctions rationnelles, l'identité (33) est encore impossible et nous avons le théorème suivant :

THÉORÈME II. — *Une algébroïde quelconque à ν branches et d'ordre fini prend une infinité de fois toutes les valeurs sauf, peut-être, 2ν au plus, l'infini compris* [12].

C'est une généralisation et extension parfaite aux algébroïdes multiformes du second théorème de M. Picard concernant les fonctions uniformes méromorphes.

14. Extension d'une généralisation du théorème de M. Picard. —

Il est bien connu que l'on doit à M. Borel (*Leçons sur les fonctions méromorphes*, Paris, p. 56-57) la généralisation suivante des deux premiers théorèmes de M. Picard, à savoir :

Soit $u = f(z)$ une fonction méromorphe d'ordre ρ. La densité des zéros de la fonction $f(z) - u$ ne saurait correspondre à un exposant de convergence inférieur à ρ pour plus de deux valeurs de u l'infini compris. S'il existe de telles valeurs elles seront considérées exceptionnelles.

La valeur infinie sera exceptionnelle dans le cas où la fonction $f(z)$ (supposée toujours irréductible) admet des pôles dont l'exposant de convergence est inférieur à ρ.

Nous allons étendre aux algébroïdes multiformes cette généralisation des théorèmes de M. Picard.

La valeur de u sera exceptionnelle pour notre algébroïde multiforme $u = a(z)$ si la fonction $a(z) - u$ admet des zéros dont la densité correspond à un exposant de convergence inférieur à ρ.

Une valeur infinie sera exceptionnelle dans le cas où la suite des infinis de notre algébroïde a un exposant de convergence inférieur à ρ, ou encore, si la suite des pôles de la fonction méromorphe $F(z, u)$ a un exposant de convergence inférieur à ρ.

Si notre algébroïde admet des valeurs exceptionnelles, nous pouvons toujours (sans diminuer la généralité de notre problème) supposer que l'une d'elles est l'infini, en ramenant à la valeur infini une valeur exceptionnelle finie u' moyennant la transformation $u - u' = \frac{1}{W}$.

Supposons donc que l'∞ est une valeur exceptionnelle et remarquons alors que, si u_1 est une valeur exceptionnelle finie, la fonction $F(z, u_1)$ admettra des zéros et des pôles dont la densité correspond à un exposant de convergence inférieur à ρ et, par conséquent, sera de la forme

$$F(z, u_1) = f_1(z)\, e^{\Pi_1(z)},$$

où $f_1(z)$ est une fonction méromorphe d'ordre inférieur à ρ.

La valeur exceptionnelle sera appelée *formelle* dans le cas où l'exponentielle $e^{\Pi_1(z)}$ est aussi d'ordre inférieur à ρ.

Cela posé, supposons qu'il existe $\nu + 1$ valeurs finies u_0, u_1, u_2, ..., u_ν exceptionnelles [1] au sens ci-dessus généralisé; nous aurons alors les équations

(33) $\qquad F(z, u_i) = f_i(z)\, e^{\Pi_i(z)} \qquad (i = 0, 1, 2, 3, \ldots, \nu),$

où les $f_i(z)$ sont des fonctions méromorphes d'ordre inférieur à ρ, tandis que les exponentielles $e^{\Pi_i(z)}$ sont d'ordre égal à ρ (les exposants sont des polynomes de degré ρ).

L'élimination des ν coefficients $A_i(z)$ entre les $\nu + 1$ équations (33) nous donnera l'identité

(34) $\qquad q_0 f_0(z)\, e^{\Pi_0(z)} + q_1 f_1(z)\, e^{\Pi_1(z)} + \ldots + q_\nu f_\nu(z)\, e^{\Pi_\nu(z)} = q,$

où les q_i et q sont toujours les déterminants (31), qui répond bien au théorème de M. Borel énoncé dans le n° 4. Donc, l'identité (34) est impossible, puisque, pour les raisons plus haut indiquées, le second membre q ne peut subir aucune modification. Nous avons donc le théorème suivant :

THÉORÈME III. — *Si nous envisageons une algébroïde quelconque d'ordre fini ρ et à ν branches $u = a(z)$, la densité des zéros de la fonction $u = a(z)$ ne saurait correspondre à un exposant de convergence inférieur à ρ pour plus de 2ν valeurs de u, l'infini compris* [12].

C'est une généralisation et extension aux algébroïdes multiformes de la généralisation plus haut mentionnée du théorème de M. Picard.

---

[1] Et non formelles.

15. Extension d'une autre généralisation (plus précise). — On doit aussi à M. Borel (*Leçons sur les fonctions méromorphes*, p. 57-66) la généralisation suivante de M. Picard, à savoir :

Étant donnée une fonction méromorphe $u = f(z)$. d'ordre ρ, il est impossible de trouver deux fonctions entières ou méromorphes $\varphi_1(z)$ et $\varphi_2(z)$ telles que la densité des zéros et des pôles des fonctions

$$f(z) - \varphi_1(z) \quad \text{et} \quad f(z) - \varphi_2(z)$$

corresponde à un exposant de convergence inférieur à ρ.

Si la densité des pôles de $f(z)$ correspond à l'exposant de convergence ρ, il est impossible de trouver trois fonctions entières ou méromorphes d'ordre inférieur à ρ : $\varphi_1(z)$, $\varphi_2(z)$, $\varphi_3(z)$ telles que la densité des zéros des fonctions

$$f(z) - \varphi_1(z), \quad f(z) - \varphi_2(z), \quad f(z) - \varphi_3(z)$$

soit exceptionnelle (c'est-à-dire : corresponde à un exposant de convergence inférieur à ρ).

Nous allons étendre aux algébroïdes multiformes cette nouvelle proposition. Soit $\varphi(z)$ une fonction entière ou méromorphe d'ordre inférieur à ρ et remplaçons dans l'expression $F(z, u)$ la variable u par $\varphi(z)$. Nous démontrerons que la fonction $F[z, \varphi(z)]$ ainsi obtenue doit, en général, avoir des zéros dont la densité corresponde à l'exposant de convergence ρ; dans le cas contraire, cette fonction $\varphi(z)$ sera appelée, dès maintenant (pour abréger le langage), *exceptionnelle*.

Si la fonction uniforme $F[z, \varphi(z)]$ est d'ordre inférieur à ρ, la fonction $\varphi(z)$ sera évidemment exceptionnelle, puisqu'il en est de même de la densité de la fonction entière ou méromorphe $F[z, \varphi(z)]$ (¹).

Ces fonctions exceptionnelles $\varphi(z)$ correspondent visiblement aux valeurs exceptionnelles formelles citées dans les numéros précédents; je conserverai pour elles le même mot : *formelles*.

(¹) D'une façon plus précise, nous dirons que la densité des zéros de la fonction $u - \varphi(z) = a(z) - \varphi(z)$ est d'ordre ρ lorsque l'exposant de convergence de la suite des modules des zéros de la fonction uniforme (entière ou méromorphe, $F[z, \varphi(z)]$ est égal à ρ.

Soient

$$(35) \qquad \varphi_1(z), \quad \varphi_2(z), \quad \ldots \quad \varphi_\nu(z) \quad \text{et} \quad \varphi_0(z)$$

$\nu + 1$ fonctions entières ou méromorphes exceptionnelles non formelles pour notre algébroïde multiforme $u = \mathrm{a}(z)$. Supposons d'abord que les fonctions

$$(36) \qquad \mathrm{F}(z, \varphi_i(z)] = f_i(z)\, e^{\mathrm{H}_i(z)} \qquad (i = 0, 1, 2, 3, \ldots, \nu)$$

possèdent une densité exceptionnelle non seulement pour leurs zéros mais encore pour leurs pôles; alors les fonctions $f_i(z)$ seront entières ou méromorphes d'ordre inférieur à ρ, tandis que les exposants $\mathrm{H}_i(z)$ sont des fonctions entières d'ordre ρ. [Il est à peine utile de noter que les coefficients $f_i(z)$ représentent le quotient de deux produits canoniques de facteurs primeurs de Weierstrass.]

Alors, nous n'avons qu'à appliquer toujours notre méthode d'élimination des $\mathrm{A}_i(z)$ entre les équations (36) pour arriver toujours à l'identité

$$(37) \qquad \sum \delta_i f_i(z)\, e^{\mathrm{H}_i(z)} = \delta \qquad (i = 0, 1, 2, \ldots, \nu),$$

où les δ_i et δ se déduisent des quantités q_i et q si nous remplaçons dans les déterminants de Vandermonde les u_i par les $\varphi_i(z)$.

Dès lors, les formules et les raisonnements ne changent pas essentiellement et l'application du théorème de M. Borel nous conduit toujours à l'impossibilité de l'identité (37).

Théorème IV. — *Soit* $u = \mathrm{a}(z)$ *une algébroïde multiforme d'ordre ρ définie par l'équation*

$$\mathrm{F}(z, u) = u^\nu + \mathrm{A}_1(z)u^{\nu-1} + \mathrm{A}_2(z)u^{\nu-2} + \ldots + \mathrm{A}_\nu(z) = 0,$$

il est impossible de trouver 2ν fonctions entières ou méromorphes

$$(37') \qquad \varphi_i(z) \qquad (i = 1, 2, 3, \ldots, 2\nu)$$

telles que la densité des zéros et des pôles de toutes les fonctions

$$(38) \qquad \mathrm{F}(z, \varphi_i(z)] \qquad (i = 1, 2, 3, \ldots, 2\nu)$$

soit exceptionnelle (corresponde à un exposant de convergence inférieur à ρ).

En effet, d'une part, d'après la conclusion ci-dessus indiquée, le nombre des fonctions exceptionnelles $\varphi_i(z)$ non formelles est au plus égal à ν et, d'autre part, le nombre des fonctions exceptionnelles formelles ne saurait toujours dépasser la quantité $\nu - 1$, puisque, dans le cas contraire, tous les coefficients $A_i(z)$ seraient d'ordre inférieur à ρ et il en serait de même de notre algébroïde multiforme $u = a(z)$. Donc, le nombre total des fonctions exceptionnelles est au plus égal à $\nu + \nu - 1 = 2\nu - 1$.

Si la densité exceptionnelle existe seulement pour les zéros et non pas pour les pôles des fonctions (38), alors les $\nu + 1$ fonctions exceptionnelles non formelles $(37')$ ne suffisent pas pour nous conduire à une identité impossible moyennant le théorème de M. Borel : il nous en faudra encore une, mais nous nous réservons d'examiner ce cas dans l'article suivant.

16. Les involutions exceptionnelles de M. Montel. — Dans un Mémoire qui a paru après la rédaction de ce fascicule, M. P. Montel a introduit la notion d'involution exceptionnelle qui généralise à un certain point de vue celle de valeur exceptionnelle. Nous résumerons rapidement ses résultats.

Considérons l'algébroïde définie par l'équation (15) et soit une équation à coefficients constants

$$(38') \qquad \lambda_0 u^\nu - C_\nu \lambda_1 u^{\nu-1} + C_\nu^2 \lambda_2 u^{\nu-2} + \ldots + (-1)^\nu \lambda_\nu = 0$$

dont les racines $a, b, \ldots, l$ sont distinctes ou non. Les branches $u_1(z)$, $u_2(z)$, $u_\nu(z)$ de l'algébroïde sont dites en involution par rapport aux racines de $(38')$ lorsqu'on a

$$(39') \qquad \sum (u_1(z) - a)(u_2(z) - b)\ldots(u_\nu(z) - l) = 0.$$

la somme étant étendue aux $\nu!$ permutations des lettres $a, b, \ldots, l$ et aux $\nu!$ permutations de $u_1, u_2, \ldots, u_\nu$. En exprimant cette condition au moyen des coefficients de (15) et de $(38')$ on obtient

$$(40') \qquad \lambda_0 + \lambda_1 A_1(z) + \ldots + \lambda_\nu A_\nu(z) = 0.$$

L'involution est dite *exceptionnelle* lorsque la combinaison linéaire figurant dans le premier membre de $(40')$ est exceptionnelle, c'est-à-dire n'a qu'un nombre fini de zéros. Elle est exceptionnelle *du premier type* si ce premier membre est un polynome, *du second type* dans le cas contraire. Une valeur exceptionnelle a est une involution exceptionnelle correspondant à l'équation $(u-a)^\nu = 0$; les valeurs exceptionnelles sont donc des involutions exceptionnelles dégénérées. h involutions exceptionnelles du premier type sont distinctes si le tableau des coefficients des $A_i(z)$ dans les équations $(40')$ correspondantes contient un déterminant non nul de degré h; h' involutions du second type sont distinctes si le tableau des $\nu + 1$ coefficients des équations $(40')$ contient un déterminant non nul de degré h'.

Les raisonnements qui ont conduit au théorème I montrent qu'il y a au plus $\nu - 1$ involutions exceptionnelles distinctes du premier type et ν du second type. On obtient donc ce théorème qui contient le théorème I.

Le nombre total des involutions exceptionnelles distinctes est au plus égal à $2\nu - 1$ [34, 35].

Le nombre des valeurs exceptionnelles peut donc s'abaisser dans certains cas par suite de l'existence d'involutions exceptionnelles ordinaires. Mais il importe que ces involutions soient irréductibles (par combinaison) à des involutions dégénérées : par exemple, s'il existe $\nu - 1$ involutions distinctes du premier type, il existera $\nu - 1$ valeurs exceptionnelles formelles en général distinctes. Il y a là une étude assez délicate qui reste à faire. On pourra de même chercher, comme nous le ferons pour les valeurs exceptionnelles au Chapitre V, des cas d'abaissement du nombre des involutions exceptionnelles.

Il est clair qu'on pourra aussi considérer des involutions exceptionnelles au sens de M. Borel, *le nombre de ces involutions distinctes est au plus égal à* $2\nu - 1$ (ce qui complète le théorème III).

Le nombre des involutions exceptionnelles distinctes reste invariant lorsqu'on effectue une substitution linéaire réversible à coefficients constants sur les $A_i(z)$, M. Montel dit que les algébroïdes correspondantes sont de la même classe.

Nous renverrons au Mémoire de M. Montel pour la définition de l'ordre d'une valeur exceptionnelle et pour l'extension des propriétés précédentes aux algébroïdes générales.

CHAPITRE IV.

THÉORÈMES GÉNÉRAUX.

Soit

$$F(u) = u^\nu + A_1 u^{\nu-1} + A_2 u^{\nu-2} + \ldots + A_{\nu-1} u + A_\nu$$

un polynome entier en u de degré ν, dont les coefficients A_i sont des fonctions absolument quelconques d'une ou plusieurs variables ou des quantités quelconques de nature arbitraire.

17. Envisageons ν valeurs $u_1, u_2, u_3, \ldots, u_\nu$ distinctes de u, posons

$$F(u_1) = f_1, \qquad F(u_2) = f_2, \qquad \ldots, \qquad F(u_\nu) = f_\nu,$$

et remarquons que ce système d'équations définit une *correspondance biuniforme* entre les coefficients A_i d'une part et les quantités f_i d'autre part; il en résulte que toute identité entre les f_i entraîne une identité correspondante entre les A_i et inversement.

Considérons maintenant $\nu + 1$ valeurs $u_0, u_1, u_2, \ldots, u_\nu$ de u, posons

$$(39) \qquad F(u_i) = f_i \qquad (i = 0, 1, 2, 3, \ldots, \nu)$$

et éliminons les A_i entre ces $\nu + 1$ équations. Le résultat de l'élimination sera

$$(40) \qquad \sum_{i=0}^{i=\nu} q_i f_i = Q,$$

les q_i et Q étant toujours les déterminants connus rencontrés plusieurs fois. Supposons que cette relation (40) se décompose (se déchire) en deux ou plusieurs ayant des termes appartenant à (40) : par exemple,

$$(41) \quad \sum_{i=0}^{i=\mu} q_i f_i = 0, \quad \sum_{i=\mu+1}^{i=m} q_i f_i = 0, \quad \sum_{i=m+1}^{i=n} q_i f_i = 0, \quad \ldots, \quad \sum_{i=p+1}^{i=\nu} q_i f_i = Q.$$

Ces égalités sont des identités par rapport aux variables dont dépendent les f_i mais non pas par rapport aux f_i elles-mêmes, puisque les coefficients q_i étant des déterminants de Vandermonde sont différents de zéro. Chacune de ces identités (41) contenant au plus

ν termes et, par conséquent, ν au plus quantités f_i entraînera, d'après la correspondance biuniforme signalée dans le numéro précédent [17], une relation correspondante entre les A_i

$$(42) \qquad \sum_{i=1,2,\ldots,\nu} \alpha_i A_i = \alpha,$$

à coefficients constants α_i et α qui sera une identité, non pas en A_i, mais par rapport aux variables dont dépendent les A_i; en effet, si les relations (42) étaient des identités par rapport aux A_i, il en serait de même des relations correspondantes (41), grâce à la correspondance biuniforme signalée dans le numéro précédent.

Nous remarquons encore que l'une des relations (41) est une conséquence des autres et, par suite, l'une des relations linéaires entre les A_i correspondantes aux (41) sera une conséquence des autres.

Nous en concluons que la décomposition (déchirement) de l'identité (40) en d'autres (deux ou plusieurs) entraîne l'existence d'une au moins relation linéaire à coefficients constants entre les quantités A_i. Nous avons donc le théorème suivant :

THÉORÈME V. — Soit

$$(43) \qquad F(u) = u^\nu + A_1 u^{\nu-1} + A_2 u^{\nu-2} + \ldots + A_{\nu-1} u + A_\nu$$

un polynome entier en u, dont les coefficients A_i sont des fonctions quelconques d'une ou plusieurs variables, et soient u_0, u_1, u_2, ..., u_ν $\nu+1$ valeurs distinctes quelconques de u.

Le résultat de l'élimination des A_i entre les équations

$$(45) \qquad F(u_i) = f_i \qquad (i = 0, 1, 2, \ldots, \nu)$$

ne saurait se décomposer (se déchirer) en d'autres identités que dans le cas où il existe une au moins relation linéaire à coefficients constants entre les coefficients A_i [31] et [32].

18. Considérons maintenant une valeur quelconque de u et posons

$$(45) \qquad F(u) = f.$$

Le résultat de l'élimination de A_i entre l'équation (45) et

$$(45') \qquad F(u_i) = f_i \qquad (i = 1, 2, 3, \ldots, \nu)$$

est

(46)
$$q f + \sum_{i=1,2,3,\ldots,\nu} q_i f_i = Q,$$

où q est le déterminant

$$q = \left| u_1^{\nu-1} \quad u_2^{\nu-1} \quad \ldots \quad u_i \quad 1 \right| \qquad (i = 1, 2, 3, \ldots, \nu).$$

Si la valeur u est égale à une des valeurs données $u_1, u_2, \ldots, u_\nu$, l'un des déterminants q_i sera visiblement nul et, par conséquent, l'identité (46) sera déchirée.

Si la valeur u considérée est distincte des valeurs données u_i, l'identité ne saurait se déchirer que dans le cas où il existe une au moins relation linéaire à coefficients constants entre les A_i. Si l'identité (46) était décomposable pour ν valeurs $u'_1, u'_2, u'_3, \ldots, u'_\nu$ distinctes et différentes des valeurs données u_i, cela entraînerait l'existence de ν relations linéaires à coefficients constants

(47) $$\alpha_{i1} A_1 + a_{i2} A_2 + \ldots + \alpha_{i\nu} A_\nu = z_i \qquad (i = 1, 2, 3, \ldots, \nu).$$

Si nous posons

(48) $$F(u'_i) = f_i^{(1)} \qquad (i = 1, 2, 3, \ldots, \nu).$$

l'une des identités auxquelles se décompose le résultat de l'élimination des A_i entre les équations

$$F(u'_i) = f_i^{(1)} \quad \text{et} \quad F(u_i) = f_i \qquad (i = 1, 2, 3, \ldots, \nu)$$

contiendra nécessairement la quantité $f_i^{(1)}$ et, par conséquent, les relations (47) peuvent être choisies de façon à correspondre (moyennant la correspondance biuniforme plus haut citée) à un système de relations de la forme

(48) $$q_i^{(1)} f_i^{(1)} + \sum q_i f_i = 0 \qquad (i = 1, 2, 3, \ldots, \nu).$$

Or, nous avons une correspondance biuniforme d'une part entre les A_i et les f_i et d'autre part entre les A_i et $f_i^{(1)}$, il en résulte une correspondance biuniforme entre les f_i et $f_i^{(1)}$. Donc, si les relations (47) n'étaient pas distinctes, le système (47) aurait une infinité de solutions en A_i et il en serait de même (à cause de la correspondance biuniforme) du système (48), si nous y considérons les $f_i^{(1)}$ comme inconnues; or, cela est visiblement absurde (comme il résulte d'ailleurs de la correspondance biuniforme entre les f_i et $f_i^{(1)}$).

Nous en concluons que les ν relations (47) sont distinctes et donnent une seule valeur constante pour les A_i; si, donc, les A_i ne sont pas toutes des constantes, il est impossible que l'identité (46) soit décomposable pour plus de $\nu - 1$ valeurs de u différentes des u_i.

Nous avons maintenant le droit d'appeler *exceptionnelle* toute valeur pour laquelle le résultat (46) d'élimination est décomposable et nous pouvons énoncer le théorème suivant :

Théorème VI. — *Le résultat de l'élimination des coefficients* A_i *entre l'équation* (45) *et les équations* (45') *ne saurait se décomposer* (*se déchirer*) *dans l'hypothèse que les* A_i *ne sont pas toutes des constantes, pour plus de* $\nu - 1$ *valeurs de* u *distinctes des valeurs données* $u_1, u_2, u_3, \ldots, u_\nu$. *S'il existe de telles valeurs, elles seront appelées exceptionnelles. Le nombre total des valeurs exceptionnelles est au plus égal à* $2\nu - 1$, *les valeurs* $u_1, u_2, u_3, \ldots, u_\nu$ *comprises* [31] *et* [32].

Envisageons maintenant deux valeurs exceptionnelles u' et u''; alors, il y aura deux au moins relations linéaires entre les A_i à coefficients constants, l'une L' correspondante à la [valeur u' et l'autre L'' à la valeur u''. Nous n'avons, en effet, qu'à prendre pour L' la relation qui résulte d'une identité ne contenant pas $f' = F(u')$ et comme L'' la relation qui résulte d'une identité contenant $f'' = F(u'')$ et exprimant f'' en fonction des $f_1, f_2, f_3, \ldots, f_\nu$.

Si, donc, il existe k relations linéaires entre les A_i à coefficients constants, le nombre des valeurs exceptionnelles distinctes de u_1, $u_2, \ldots, u_\nu$ se saurait dépasser la quantité k, puisque à chaque valeur exceptionnelle correspond une relation entre les A_i qui lui est propre (distincte des autres). Nous en concluons un nouveau théorème :

Théorème VII. — *S'il existe k relations linéaires à coefficients constants entre les* A_i, *le nombre des valeurs exceptionnelles de* u *ne saurait dépasser la quantité* $k + \nu$, *les valeurs* $u_1, u_2, \ldots, u_\nu$ (*qui sont évidemment exceptionnelles*) *étant comprises* [31] *et* [32].

19. Les théorèmes ci-dessus indiqués sont susceptibles d'une généralisation que nous allons exposer ici.

Envisageons un ensemble (E) de quantités telles que toute fonction rationnelle d'éléments de (E) appartienne aussi à l'ensemble (E); nous dirons alors que ces quantités constituent un *corps*.

Cela posé, revenons à notre expression

$$F(u) = u^\nu + A_1 u^{\nu-1} + A_2 u^{\nu-2} + \ldots + A_{\nu-1} u + A_\nu$$

et supposons que les valeurs données à u ne soient pas des constantes mais, d'une façon générale, des éléments d'un corps C, auquel n'appartient pas l'un au moins des coefficients A_i; alors, tous les théorèmes du Chapitre actuel s'étendent, par la même méthode et les mêmes raisonnements, aux éléments de ce corps. C'est ainsi que nous avons les théorèmes :

THÉORÈME VIII. — *Soient u_1, u_2, u_3, ..., u_ν ν éléments d'un corps C, auquel n'appartient pas l'un au moins des coefficients A_i. Le résultat d'élimination des A_i entre les équations*

$$F(u) = f \quad \text{et} \quad F(u_i) = f_i \quad (i = 1, 2, 3, \ldots, \nu)$$

ne saurait se décomposer (se déchirer) pour plus de $2\nu - 1$ valeurs de u qui soient des éléments du corps C (les éléments u_i compris). S'il existe de telles valeurs, elles seront appelées *exceptionnelles*.

THÉORÈME IX. — *S'il existe entre les coefficients A_i k relations linéaires dont les coefficients appartiennent au corps C, le nombre des éléments exceptionnels du corps C ne saurait dépasser la quantité $k + \nu$; les éléments u_i étant compris* [32].

Exemples particuliers. — Les deux théorèmes ci-dessus énoncés sont, par exemple, applicables lorsque le corps C coïncide avec le corps des fonctions rationnelles d'une ou de plusieurs variables, tandis que un au moins des coefficients A_i est une fonction transcendante des mêmes variables, puisque, dans ce cas, l'un au moins des coefficients A_i n'appartient pas au corps C.

Pour la même raison, les mêmes théorèmes sont applicables lorsque le corps C coïncide avec le corps des nombres algébroïdes tandis que l'un au moins des coefficients A_i est un nombre transcendant.

Un autre exemple est celui où le corps C est l'ensemble des fonctions entières ou méromorphes d'ordre inférieur à ρ, tandis que l'un au moins des coefficients A_i est une fonction entière ou méromorphe d'ordre ρ.

CHAPITRE V.

APPLICATIONS DES THÉORÈMES GÉNÉRAUX.

20. L'application des théorèmes très généraux du Chapitre précédent à l'extension aux algébroïdes multiformes des théorèmes de M. Picard et de ses généralisations permettra de préciser les théorèmes du Chapitre III par la détermination des cas où nous pouvons diminuer la borne supérieure du nombre total des valeurs exceptionnelles.

Revenons d'abord au théorème I du Chapitre III. Nous n'avons plus besoin de faire jouer un rôle particulier aux valeurs exceptionnelles formelles; il nous suffit de nous rappeler que leur nombre est au plus égal à $\nu - 1$, lorsque la fonction $u = a(z)$ n'est pas algébrique.

Considérons, en effet, $\nu + 1$ valeurs exceptionnelles quelconques $u_0, u_1, u_2, \ldots, u_\nu$, ce qui nous donne les équations

$$(49) \qquad F(z, u_i) = P_i(z)\, e^{\Pi_i(z)} \qquad (i = 0, 1, 2, 3, \ldots, \nu),$$

où certains exposants (dont le nombre sera au plus $\nu - 1$) peuvent être des constantes. L'élimination des $A_i(z)$ entre ces équations (49) nous conduit toujours à l'identité (en z)

$$(50) \qquad \sum q_i\, P_i(z)\, e^{\Pi_i(z)} = Q,$$

où les q_i et Q sont toujours les déterminants bien connus et certains termes du premier membre (dont le nombre est au plus égal à $\nu - 1$) peuvent être algébriques.

Or, d'après le cas particulier signalé dans le n° 5″ du Chapitre I (cas de possibilité des identités de M. Borel), l'identité (50) sera déchirée en deux ou plusieurs autres et, par conséquent, d'après les théorèmes généraux du Chapitre précédent, la valeur u_0 sera avec les autres $u_1, u_2, \ldots, u_\nu$ exceptionnelle dans le sens plus général du Chapitre IV, ce qui entraînera une, au moins, relation linéaire à coefficients constants entre les $A_i(z)$.

En appliquant donc tous les théorèmes du Chapitre IV à l'extension aux algébroïdes multiformes des théorèmes de M. Picard et de ses généralisations, nous obtenons immédiatement de nouveaux théorèmes d'extension plus précis que ceux du Chapitre III, à savoir :

THÉORÈME X (précisant les théorèmes I et II). — *Soit $u = a(z)$ une algébroïde quelconque à ν branches d'ordre fini ρ, définie par l'équation*

$$(51) \quad F(z, u) = u^\nu + A_1(z)u^{\nu-1} + A_2(z)u^{\nu-2} + \ldots + A_{\nu-1}(z)u + A_\nu(z) = 0.$$

S'il n'existe aucune relation linéaire à coefficients constants entre les coefficients $A_i(z)$ l'algébroïde $u = a(z)$ prend, dans le domaine de l'infini, toutes les valeurs, sauf, peut-être, $\nu + 1$ au plus (l'infini compris), c'est-à-dire la borne supérieure du nombre des valeurs exceptionnelles est abaissée au lieu de 2ν.

S'il existe k relations linéaires distinctes à coefficients constants entre les coefficients $A_i(z)$, le nombre des valeurs exceptionnelles est au plus égal à $\nu + k$, l'infini non compris. Cette précision a été énoncée pour la première fois par M. Th. Varopoulos dans une communication insérée dans les *Comptes rendus* (1923) [31] et [32].

THÉORÈME XI (précisant le théorème III du Chapitre III). — *S'il n'existe aucune relation linéaire à coefficients constants entre les $A_i(z)$, la densité des zéros de la fonction $u = a(z)$ ne saurait être d'ordre inférieur à ρ pour plus de $\nu + 1$ valeurs de u, l'infini compris. S'il existe k relations, le nombre des valeurs exceptionnelles ne saurait dépasser $k + \nu$, l'infini non compris.*

Abordons maintenant le problème de la précision du théorème IV (Chapitre III), en adoptant toujours la définition suivante :

Soit $\varphi(z)$ une fonction entière ou méromorphe. Nous dirons que la densité des zéros ou des infinis de la fonction algébroïde

$$u - \varphi(z) = a(z) - \varphi(z)$$

est d'ordre ρ_1 lorsqu'il en est de même de la densité des zéros ou des pôles de la fonction entière ou méromorphe

$$F[z, \varphi(z)] = [\varphi(z)]^{\nu-1} + A_1(z)[\varphi(z)]^{\nu-1} + \ldots + A_{\nu-1}(z)\varphi(z) + A_\nu(z).$$

Nous n'avons maintenant qu'à appliquer les théorèmes généraux VIII et IX du Chapitre précédent à la méthode qui nous a conduit à démontrer le théorème IV du Chapitre III pour le préciser et aboutir au théorème suivant :

THÉORÈME XII (précisant le théorème IV du Chapitre III). — *Soit $u = \mathrm{a}(z)$ une algébroïde transcendante multiforme d'ordre ρ, définie par l'équation*

$$\mathrm{F}(z, u) = u^{\nu} + \mathrm{A}_1(z)u^{\nu-1} + \mathrm{A}_2(z)u^{\nu-2} + \ldots + \mathrm{A}_{\nu-1}(z)u + \mathrm{A}_{\nu}(z).$$

S'il n'existe entre les $\mathrm{A}_i(z)$ aucune relation linéaire dont les coefficients sont des fonctions entières méromorphes d'ordre inférieur à ρ, il est impossible de trouver $\nu + 1$ fonctions entières ou méromorphes

$$\varphi_i(z) \qquad (i = 1, 2, 3, \ldots, \nu + 1)$$

telle que la densité des zéros et des infinis de toutes les fonctions

$$u - \varphi_i(z) = \mathrm{a}(z) - \varphi_i(z) \qquad (i = 1, 2, 3, \ldots, \nu + 1)$$

soit d'ordre inférieur à ρ.

S'il existe entre les $\mathrm{A}_i(z)$ k relations linéaires distinctes dont les coefficients sont des fonctions entières ou méromorphes d'ordre inférieur à ρ, le nombre des fonctions exceptionnelles $\varphi(z)$ ci-dessus définies [telles que la densité des zéros et des infinis de $u - \varphi(z)$ soit d'ordre inférieur à ρ] ne saurait dépasser la quantité $k + \nu$ [31] et [32].

Il est clair que, pour la démonstration de ce théorème, nous avons appliqué les théorèmes XIII et IX en prenant comme corps C le corps constitué par l'ensemble des fonctions entières ou méromorphes d'ordre inférieur à ρ. Il est à peine utile de remarquer que l'utilisation du corps constitué par l'ensemble des fonctions rationnelles nous aurait conduit à un théorème particulier évident qui est un cas de celui que nous venons d'énoncer.

Nous remarquons aussi que, pour la même démonstration, nous faisons usage de la proposition d'après laquelle toute expression rationnelle des fonctions entières ou méromorphes d'ordre inférieur à ρ nous donne une fonction entière ou méromorphe qui est aussi d'ordre inférieur à ρ.

21. Nous avons maintenant tous les moyens nécessaires pour établir une nouvelle généralisation importante du théorème de M. Picard par l'extension aux algébroïdes multiformes de la proposition de M. Borel que nous avons indiquée dans le n° 15 du Chapitre III.

Dans l'équation $F(z, u) = 0$ qui définit notre algébroïde $u = a(z)$ chassons les dénominateurs et mettons-la sous la forme

$$(11) \quad \Phi(z, u) = E_0(z)u^\nu + E_1(z)u^{\nu-1} + E_2(z)u^{\nu-2} + \ldots + E_{\nu-1}(z)u + E_\nu(z) = 0,$$

où tous les coefficients $E_i(z)$ sont maintenant des fonctions entières (et non méromorphes). Nous adopterons toujours la définition que, étant donnée une fonction $\varphi(z)$ entière ou méromorphe, nous dirons que la densité des zéros de l'algébroïde

$$u - \varphi(z) = a(z) - \varphi(z)$$

est d'ordre ρ_1 lorsqu'il en est de même de la fonction méromorphe $\Phi[z, \varphi(z)]$.

Il est bien entendu que l'on suppose que les coefficients $E_i(z)$ sont supposés, sans diminuer la généralité de la question, premiers) entre eux, c'est-à-dire qu'ils n'aient pas des zéros communs.

Nous appelons toujours *ordre* le plus grand des ordres des coefficients $E_0(z)$, $E_1(z)$, $E_2(z)$, $\ldots$, $E_\nu(z)$; supposons que notre algébroïde $u = a(z)$ soit d'ordre ρ.

Nous démontrerons que toute fonction $\varphi(z)$ entière ou méromorphe d'ordre inférieur à ρ et telle que la densité des zéros de la fonction $u - \varphi(z)$ soit d'ordre inférieur à ρ doit être considérée comme exceptionnelle.

Les fonctions $\varphi(z)$ d'ordre inférieur à ρ qui sont telles que la fonction $\Phi[z, \varphi(z)]$ soit d'ordre inférieur à ρ sont évidemment exceptionnelles et seront toujours appelées *formelles;* leur nombre est toujours au plus égal à $\nu - 1$, puisque, dans le cas contraire, tous les coefficients

$$(51) \quad \frac{E_1(z)}{E_0(z)}, \quad \frac{E_2(z)}{E_0(z)}, \quad \frac{E_3(z)}{E_0(z)}, \quad \ldots, \quad \frac{E_\nu(z)}{E_0(z)}$$

seraient d'ordre inférieur à ρ, ce qui est contraire à notre hypothèse.

En effet, si nous avions ν fonctions $\varphi_1(z)$, $\varphi_2(z)$, $\ldots$, $\varphi_\nu(z)$

exceptionnelles formelles, nous aurions les ν équations

$$\Phi[z, \varphi_i(z)] = f_i(z) \qquad (i = 1, 2, 3, \ldots, \nu),$$

où les $f_i(z)$ sont des fonctions entières ou méromorphes d'ordre infé-rieur à ρ, et la résolution de ce système par rapport aux coeffi-cients $\dfrac{E_i(z)}{E_0(z)}$ donnerait évidemment des fonctions d'ordre inférieur à ρ.

Considérons maintenant une autre fonction exceptionnelle $u = \varphi(z)$ non formelle; alors, la densité des zéros de la fonction $F[z, \varphi(z)]$ sera d'ordre inférieur à ρ; mais il en sera de même de la densité des pôles de $\Phi[z, \varphi(z)]$, puisque cette fonction, lorsqu'elle est méro-morphe, ne peut avoir comme dénominateur qu'une puissance du dénominateur de la fonction $\varphi(z)$. Il en résulte que la densité des pôles de la fonction $\Phi[z, \varphi(z)]$ ne saurait être d'ordre supérieur à celui des pôles de la fonction $\varphi(z)$ qui est d'ordre inférieur à ρ. Nous aurons donc

$$\Phi[z, \varphi(z)] = f(z)\, e^{H(z)},$$

où la fonction $f(z)$ sera méromorphe ou entière d'ordre inférieur à ρ (quotient de deux produits canoniques de Weierstrass d'ordre infé-rieur à ρ).

Cela posé, supposons qu'il existe $\nu + 2$ fonctions exceptionnelles non formelles (intrinsèques) $\varphi_0(z)$, $\varphi_1(z)$, $\varphi_2(z)$, $\ldots$, $\varphi_\nu(z)$, $\varphi_{\nu+1}(z)$.

Nous aurons alors les équations

$$(52) \qquad \Phi[z, \varphi_i(z)] = f_i(z)\, e^{H_i(z)} \qquad (i = 0, 1, 2, 3, \ldots, \nu, \nu+1)$$

et l'élimination entre elles des $\nu+1$ coefficients $E_0(z)$, $E_1(z)$, $\ldots$, $E_\nu(z)$ nous conduit à l'identité

$$(53) \qquad \sum_{i=0, 1, 2, 3, \ldots, \nu+1} q_i f_i(z)\, e^{H_i(z)} = 0,$$

où les q_i sont toujours des déterminants de Vandermonde d'ordre $\nu+1$

$$q_i = \begin{vmatrix} \varphi_0^\nu & \varphi_0^{\nu-1} & \varphi_0^{\nu-2} & \cdots & \varphi_0 & 1 \\ \varphi_1^\nu & \varphi_1^{\nu-1} & \varphi_1^{\nu-2} & \cdots & \varphi_1 & 1 \\ \cdots & \cdots & \cdots & \cdots & \cdots & \cdot \\ \varphi_{i-1}^\nu & \varphi_{i-1}^{\nu-1} & \varphi_{i-1}^{\nu-2} & \cdots & \varphi_{i-1} & 1 \\ \varphi_{i+1}^\nu & \varphi_{i+1}^{\nu-1} & \varphi_{i-1}^{\nu-2} & \cdots & \varphi_{i+1} & 1 \\ \cdots & \cdots & \cdots & \cdots & \cdots & 1 \\ \varphi_{\nu+1}^\nu & \varphi_{\nu+1}^{\nu-1} & \varphi_{\nu+1}^{\nu-2} & \cdots & \varphi_{\nu+1} & 1 \end{vmatrix}.$$

L'identité (53) n'est possible que dans les deux cas suivants :

α'. La différence de deux exposants quelconques $H_i(z)$ est un polynome de degré inférieur à ρ; dans ce cas, le rapport de deux termes quelconques de (53) est d'ordre inférieur à ρ, et, par conséquent, tous les seconds membres des équations (52) peuvent se mettre sous la forme

$$Q_i(z)\, e^{H_0(z)},$$

où les $Q_i(z)$ sont des fonctions entières ou méromorphes d'ordre inférieur à ρ. Dès lors, la résolution du système

$$\Phi[z, \varphi_i(z)] = Q_i(z)\, e^{H_0(z)} \qquad (i = 0, 1, 2, 3, \ldots, \nu)$$

par rapport aux coefficients $E_0(z)$, $E_1(z)$, $E_2(z)$, $\ldots$, $E_\nu(z)$ montre que tous les $E_i(z)$ seront de la forme

$$E_i(z) = R_i(z)\, e^{H_0(z)},$$

où les $R_i(z)$ sont des fonctions entières ou méromorphes d'ordre inférieur à ρ. Or, cela est absurde, puisque, en divisant par $e^{H_0(z)}$ les membres de l'équation

$$\Phi(z, u) = 0,$$

nous voyons que l'algébroïde donnée coïncide avec l'algébroïde définie par l'équation

$$R_0(z)u^\nu + R_1(x)u^{\nu-1} + R_2(z)u^{\nu-2} + \ldots + R_{\nu-1}(z)u + R_\nu)z) = 0$$

qui est d'ordre inférieur à ρ, puisqu'il en est de même des coefficients $R_i(z)$. Ce cas est donc inadmissible.

β'. L'identité (53) se décompose en d'autres; dans ce cas, nous n'avons pas besoin d'exclure les fonctions exceptionnelles formelles et, par conséquent, les $\nu + 2$ fonctions exceptionnelles, que nous considérons, sont quelconques (formelles ou intrinsèques).

Or, il est clair que toute la théorie du Chapitre précédent s'étend à l'expression de forme plus générale

$$\Phi(z, u) = E_0 u^\nu + E_1 u^{\nu-1} + E_2 u^{\nu-2} + \ldots + E_{\nu-1} u + E_\nu,$$

pourvu que le nombre des valeurs données à u (ou des éléments du corps C attribués à u) soit $\nu + 2$ au lieu de $\nu + 1$.

Le résultat de l'élimination aura toujours les mêmes propriétés avec la seule différence que les nombres 2ν et $\nu + k$ seront augmentés d'une unité, remplacés respectivement par $2\nu + 1$ et $\nu + 1 + k$; cela tient à ce que le nombre des quantités à éliminer est maintenant égal à $\nu + 1$ au lieu de ν.

Le nombre K des relations linéaires, entre les E_i, à coefficients appartenant au corps C, est encore au plus égal à ν, parce que ces relations entre les E_i seront homogènes et, par conséquent, si nous avions ν telles relations distinctes entre les E_i, elles, résolues par rapport aux ν quantités

$$\frac{E_1}{E_0}, \quad \frac{E_2}{E_0}, \quad \frac{E_3}{E_0}, \quad \cdots, \quad \frac{E_\nu}{E_0},$$

nous auraient donné des éléments du corps C. Or, ceci est contradictoire à notre hypothèse que l'une au moins de ces quantités n'appartient pas au corps C.

Le corps C, que nous envisageons ici, est constitué de toutes les fonctions entières ou méromorphes d'ordre inférieur à ρ. Les considérations ci-dessus indiquées nous conduisent à la conclusion que les éléments $\varphi_0, \varphi_1, \varphi_2, \varphi_3, \ldots, \varphi_{\nu+1}$ du corps C sont des fonctions exceptionnelles relativement au théorème général concernant la décomposition de la relation (53), et, d'après le même théorème, le nombre des éléments du corps C exceptionnels et distincts des $\varphi_1(z)$, $\varphi_2(z)$, $\varphi_3(z)$, $\ldots$, $\varphi_{\nu+1}(z)$ ne saurait dépasser la quantité K qui désigne le nombre des relations linéaires et homogènes à coefficients appartenant au corps C entre les fonctions $E_i(z)$.

Nous avons donc obtenu le théorème suivant :

Théorème XIII. — *Soit $u = a(z)$ une fonction algébroïde quelconque d'ordre fini ρ à ν branches, définie par l'équation*

$$F(z, u) = E_0(z)u^\nu + E_1(z)u^{\nu-1} + E_2(z)u^{\nu-2} + \ldots + E_{\nu-1}(z)u + E_\nu(z) = 0,$$

il est impossible de trouver $2\nu + 1$ fonctions entières ou méromorphes

$$\varphi_i(z) \qquad (i = 1, 2, 3, \ldots, 2\nu + 1)$$

telles que la densité des zéros de toutes les fonctions

$$F[z, \varphi_i(z)] \qquad (i = 1, 2, 3, \ldots, 2\nu + 1)$$

soit d'ordre inférieur à ρ.

S'il existe de telles fonctions $\varphi_i(z)$, elles seront appelées exceptionnelles. Leur nombre, d'une façon plus précise, ne saurait jamais dépasser la quantité $v + 1 + k$, où k désigne le nombre des relations, entre les $E_i(z)$, linéaires et homogènes dont les coefficients sont des fonctions entières ou méromorphes d'ordre inférieur à ρ.

CHAPITRE VI.

THÉORÈMES ANALOGUES DE LA THÉORIE DES NOMBRES.

22. Le théorème d'Hermite-Lindemann. — Nous allons, dans ce Chapitre, appliquer les idées, les méthodes et quelques théorèmes des Chapitres précédents à la théorie des nombres pour établir des résultats analogues à ceux de la théorie des fonctions.

On doit à Hermite (*Comptes rendus*, t. 77, 1873) une célèbre méthode pour établir la transcendance de quelques nombres importants en Analyse; ainsi Hermite a démontré la transcendance du nombre e et le mathématicien Lindemann, s'inspirant par le procédé suivi par Hermite, a établi la transcendance du nombre π (*Mathematische Annalen*, vol, 20, 1882, p. 213). Les démonstrations de ces deux géomètres ont été simplifiées par M. David Hilbert (*Gottinger Nachrichten*, 1893).

M. Lindemann a, à cette occasion, établi un théorème d'une grande importance, à savoir :

Si les nombres $\alpha_1, \alpha_2, \ldots, \alpha_v, A_1, A_2, \ldots, A_v$ sont algébriques, l'égalité

$$(1) \qquad A_1 e^{\alpha_1} + A_2 e^{\alpha_2} + \ldots + A_v e^{\alpha_v} = 0$$

entraîne la nullité de tous les coefficients A_i.

Ce théorème présente une analogie visible avec le théorème de M. Borel, qui nous a servi de base pour l'extension aux algébroïdes multiformes du théorème de M. Picard et de ses généralisations. Cette analogie suggère l'idée que le théorème ci-dessus indiqué d'Hermite-Lindemann joue dans la théorie des nombres un rôle analogue à celui du théorème de M. Borel dans la théorie des fonctions.

Envisageons un polynome $P(u)$

$$(2) \qquad P(u) = u^\nu + \gamma_1 u^{\nu-1} + \gamma_2 u^{\nu-2} + \ldots + \gamma_{\nu-1} u + \gamma_\nu,$$

où les coefficients γ_i ne sont pas tous des nombres algébriques et une équation de la forme

$$(3) \qquad P(u) = A\, e^\alpha,$$

les nombres A et α étant algébriques. Le second membre de cette équation sera, conformément au théorème de M. Lindemann, un nombre transcendant lorsque l'exposant α n'est pas nul.

Nous démontrerons que les racines de l'équation (3) sont, en général, des nombres transcendants et qu'une telle équation admettant des racines algébriques doit être regardée comme exceptionnelle.

Je commence par remarquer que le polynome $P(u)$ ne saurait être un nombre algébrique pour plus de $\nu - 1$ valeurs algébriques de u. Supposons, en effet, qu'il existe ν nombres algébriques $u_1, u_2, u_3, \ldots, u_\nu$ tels que les nombres

$$(4) \qquad p(u_i) = A_i \qquad (i = 1, 2, 3, \ldots, \nu)$$

soient algébriques A_i: alors, la résolution de ces équations (4) par rapport aux coefficients $\gamma_1, \gamma_2, \ldots, \gamma_\nu$ donnerait pour eux des valeurs algébriques, ce qui est en contradiction à l'hypothèse que l'un au moins des coefficients γ_i est transcendant. S'il existe de telles valeurs de u, elles sont visiblement exceptionnelles et correspondent aux valeurs *formelles* des Chapitres précédents.

Envisageons maintenant les valeurs algébriques de u pour lesquelles le polynome $P(u)$ est un nombre transcendant de la forme $A\,e^\alpha$, où les nombres A et α sont algébriques. Supposons qu'il en existe $\nu + 1$ telles valeurs $u_0, u_1, u_2, u_3, \ldots, u_\nu$ distinctes de u; alors nous aurons les égalités.

$$(5) \qquad P(u_i) = A_i\, e^{\alpha_i} \qquad (i = 0, 1, 2, 3, \ldots, \nu),$$

où les A_i et α_i sont des nombres algébriques et les exposants α_i sont tous différents de zéro. L'élimination des coefficients γ_i entre les $\nu + 1$ équations (5) nous conduit à l'égalité

$$(6) \qquad q_0 A_0\, e^{\alpha_0} + q_1 A_1\, e^{\alpha_1} + q_2 A_2\, e^{\alpha_2} + \ldots + q_\nu A_\nu\, e^{\alpha_\nu} = q,$$

où les q_i et q sont les déterminants de Vandermonde rencontrés dans les Chapitres précédents, et comme les exposants α_i sont différents de zéro, l'égalité (6) est bien de la forme du théorème d'Hermite-Lindemann. Il faut cependant remarquer que les exposants α_i ne sont pas nécessairement différents entre eux et il peut arriver que certains d'entre eux soient égaux; dans ce cas, il y aura des réductions dans le premier membre de (6), les réductions peuvent être telles que aucun des coefficients primitifs q_i reste intact: mais quelles que soient ces réductions, le seul terme algébrique, qui constitue le second membre de (11), ne subira aucune réduction et restera intact.

Après toutes les réductions possibles, notre égalité (6) prendra la forme stricte exigée par le théorème de Lindemann

$$(7) \qquad a_1\, e^{\alpha_{\rho_1}} + a_1\, e^{\alpha_{\rho_2}} + \ldots + a_\mu\, e^{\alpha_{\rho_\mu}} = q,$$

où les exposants α_{ρ_i} sont distincts (différents entre eux) et les coefficients a_i sont toujours des nombres algébriques; les coefficients a_i peuvent être nuls mais le second membre q est sûrement différent de zéro et, par conséquent, d'après le théorème de Lindemann, l'égalité (7) est impossible. Nous en concluons le théorème suivant :

Théorème XIV. — *Soit*

$$P(u) = u^\nu + \gamma_1 u^{\nu-1} + \gamma_2 u^{\nu-2} + \ldots + \gamma_{\nu-1} u + \gamma_\nu$$

un polynome entier de degré ν dont les coefficients γ_i ne sont pas tous algébriques (un au moins est transcendant). S'il existe des valeurs algébriques de u pour lesquelles $P(u)$ est un nombre transcendant de la forme $A e^\alpha$, où les A et α sont algébriques, elles doivent être considérées comme exceptionnelles, puisque leur nombre ne saurait jamais dépasser la quantité ν.

Le nombre total des valeurs algébriques de u pour lesquelles $P(u)$ est algébrique ou transcendant de la forme $A e^\alpha$ est au plus égal à la quantité $2\nu - 1$ [16].

Ce théorème est visiblement semblable à l'extension aux algébroïdes multiformes du théorème de M. Picard et de ses généralisations.

23. **Généralisation du théorème précédent.** — Le théorème ci-dessus

énoncé s'étend facilement aux valeurs de u pour lesquelles le nombre $P(u)$ est plus généralement de la forme

$$P(u) = A_1 e^{x_1} + A_1 e^{x_2} + A_3 e^{x_3} + \ldots + A_n e^{\alpha_n},$$

les nombres A_i et α_i toujours algébriques et les exposants α_i étant tous différents de zéro.

En effet, l'élimination des γ_i entre les équations

$$(6') \qquad P(u_i) = A_{i1} e^{x_{i1}} + A_{i2} e^{x_{i2}} + \ldots + A_{in_i} e^{x_{in_i}}$$

nous conduira à l'égalité

$$(7') \qquad \sum_{l=0,1,2,3,\ldots,\nu} q_l(A_{l1} e^{x_{l1}} + A_{l2} e^{x_{l2}} + \ldots + A_{ln_l} e^{x_{ln_l}}) = q.$$

dans laquelle, quelles que soient les réductions qui peuvent s'effectuer dans le premier membre (entre les termes qui ont le même exposant) le seul terme algébrique, qui restera invariable, sera le second membre q, qui n'est jamais nul. Donc, d'après le théorème d'Hermite-Lindemann, cette égalité (7) est impossible et nous obtenons la généralisation suivante du théorème précédent :

Théorème XV. — *Les valeurs algébriques de u pour lesquelles le nombre $P(u)$ est de la forme*

$$P(u) = A_1 e^{x_1} + A_2 e^{\alpha_2} + A_3 e^{x_3} + \ldots + A_n e^{\alpha_n},$$

où les A_i et α_i sont algébriques, doivent être considérées comme exceptionnelles, puisque leur nombre total ne saurait jamais dépasser la quantité $2\nu - 1$, les valeurs formelles comprises [16].

Nous avons ici la borne supérieure $2\nu - 1$ au lieu de 2ν, que nous avions dans la théorie des fonctions, parce que la valeur infini n'a pas à intervenir dans la théorie des nombres.

Ce théorème comprend le précédent comme cas particulier correspondant à $n = 1$. Les valeurs exceptionnelles formelles correspondent au cas où tous les exposants α_i sont nuls.

Nous pouvons résumer les deux théorèmes XIV et XV en disant qu'*un nombre algébrique u_1 doit être considéré comme exceptionnel lorsque l'on a*

$$P(u_1) = A_1 e^{x_1} + A_2 e^{x_2} + \ldots + A_n e^{\alpha_n}$$

quel que soit l'indice n, où les A_i sont algébriques et les exposants z aussi algébriques ou bien tous différents de zéro ou bien tous nuls (16).

Le théorème XV nous permet de conclure qu'il faut considérer comme exceptionnelle toute valeur algébrique de u pour laquelle le nombre $P(u)$ soit de la forme : $\sin a$ ou $\cos a$, a étant un nombre algébrique.

24. Précision du maximum du nombre des valeurs exceptionnelles.

— Nous pouvons préciser le maximum du nombre des valeurs exceptionnelles relatives aux deux théorèmes XIV et XV en appliquant les théorèmes généraux du Chapitre IV à la théorie des nombres.

Pour réaliser cette application nous n'avons qu'à prendre comme corps C le corps constitué par tous les nombres algébriques; alors, un au moins des coefficients γ_i du polynome $P(u)$ n'appartient pas à à ce corps C et l'application en question se fera immédiatement, parce qu'il est à peine utile d'ajouter que, dans la théorie du Chapitre IV, les coefficients du polynome $P(u)$ ne doivent pas être nécessairement des fonctions : ils peuvent être des quantités quelconques dont l'une au moins ne soit pas un élément du corps. Nous avons donc le théorème suivant :

THÉORÈME XVI [31] et [32]. — *Le nombre des valeurs exceptionnelles relatives aux théorèmes XIV et XV ne saurait jamais dépasser la quantité ν dans le cas où il n'existe pas entre les coefficients γ_i de $P(u)$ des relations linéaires à coefficients algébriques. S'il existe k telles relations, le nombre des valeurs exceptionnelles ne saurait dépasser la quantité $k + \nu$.*

Nous devons seulement donner quelques explications pour la précision du théorème XV, puisqu'il ne correspond à aucun des théorèmes de la théorie des fonctions jusqu'ici exposés.

Envisageons $\nu + 1$ valeurs exceptionnelles algébriques u_0, u_1, u_2, u_3, ..., u_ν quelconques formelles ou non, c'est-à-dire telles que les nombres $P(u_i)$ soient ou bien algébriques ou bien transcendants de la forme

$$A_1 e^{x_1} + A_2 e^{x_2} + \ldots + A_n e^{x_n} \qquad (\alpha_1 \neq x_2 \neq \alpha_3 \neq \ldots \neq \alpha_n \neq 0),$$

où les coefficients A_i et les exposants α_i sont tous algébriques.

Nous avons plus haut démontré l'impossibilité de l'égalité (7'), qui est le résultat de l'élimination des γ_i entre les équations (6'), dans le cas où aucune des exceptionnelles u_i n'est formelle. Donc, le cas qui nous intéresse ici est celui où les exceptionnelles non formelles ne sont pas exclues et, comme le nombre des exceptionnelles non formelles est au plus égal à ν (cela est démontré), il en résulte que, parmi les exceptionnelles considérées $u_i (i = 0, 1, 2 \ldots, \nu)$, l'une au moins est formelle (c'est-à-dire telle que le nombre $f'(u)$ soit algébrique).

Nous en concluons que dans le premier membre de l'égalité (7') il y a au moins un terme $P(u_i)$ qui est algébrique: et ces termes algébriques ne peuvent se réduire qu'entre eux et le second membre q et, par conséquent, la somme des termes algébriques (le second membre compris) sera nul séparément et la somme des termes transcendants nulle séparément. Nous remarquons ici que la réduction parmi les termes transcendants sera faite entre les termes partiels $q_i A_{ij} e^{\alpha_{ij}}$ de diverses parenthèses, parce que les termes partiels de la même parenthèse sont irréductibles.

Nous en déduisons que, grâce à l'intervention des exceptionnelles formelles, l'égalité (7') sera déchirée (dans le sens indiqué dans les chapitres précédents) et, par conséquent, l'application des théorèmes généraux du Chapitre IV nous conduit au théorème XVI.

25. Nouvelle généralisation du théorème de M. Picard et de son extension aux algébroïdes multiformes. — Nous pouvons établir, pour la théorie des fonctions, un théorème analogue au théorème XV, qui donnera une nouvelle généralisation du théorème de M. Picard et de son extension aux algébroïdes multiformes.

Soit $u = G(z)$ une fonction entière et supposons, pour fixer les idées, qu'elle soit d'ordre fini ρ. Toute valeur de u pour laquelle nous avons

$$G(z) - u = f_1(z) e^{\Pi_1(z)} + f_2(z) e^{\Pi_2(z)} + f_3(z) e^{\Pi_3(z)} + \ldots + f_n(z) e^{\Pi_n(z)},$$

où les coefficients $f_i(z)$ sont des fonctions entières d'ordre inférieur à ρ et les exposants des polynomes de degré ρ, doit être considérée comme exceptionnelle quel que soit l'indice n. Si, en effet, il y avait deux telles valeurs u_1 et u_2, nous aurions

$$G(z) - u_1 = \sum_{i=1,2,3,\ldots,n_1} f_{1i}\, e^{H_{1i}(z)}, \qquad G(z) - u_2 = \sum_{i=1,2,3,\ldots,n_2} f_{2i}\, e^{H_{2i}(z)},$$

et l'élimination de $G(z)$ entre ces deux équations nous donnerait le résultat

$$u_2 - u_1 = \sum_{i=1,2,\ldots,n_1} f_{1i}\, e^{H_{1i}(z)} - \sum_{i=1,2,\ldots,n_2} f_{2i}\, e^{H_{2i}(z)}.$$

Ou cette égalité est impossible, d'après le théorème de M. Borel, puisque les termes du second membre peuvent subir des réductions quelconques entre eux mais sans pouvoir jamais donner, après toutes les réductions, des termes d'ordre inférieur à ρ et non nuls. On en déduit le théorème suivant :

THÉORÈME XVI. — *Soit une fonction entière* $u = G(z)$ *supposée, pour fixer les idées, d'ordre fini* ρ. *Il est impossible d'avoir deux valeurs finies de* u *pour lesquelles la fonction* $G(z) - u$ *soit de la forme*

$$G(z) - u = f_1(z)\, e^{H_1(z)} + f_2(z)\, e^{H_2(z)} + f_3(z)\, e^{H_3(z)} + \ldots + f_n(z)\, e^{H_n(z)}.$$

où les coefficients $f_i(z)$ *sont des fonctions entières d'ordre inférieur à* ρ *et les exposants des polynomes tous de degré égal à* ρ *et l'indice* n *quelconque.* Il y a là un nouveau cas d'exception qui est unique et qui ne concerne pas la densité des zéros, puisque, dans le cas où $n > 1$, l'expression

$$\sum_{i=1,2,3,\ldots,n} f_i(z)\, e^{H_i(z)}$$

supposée irréductible [c'est-à-dire la différence de deux exposants $H_i(z)$ est toujours du même degré ρ] ne saurait être égale à une fonction dont la densité de zéro soit d'ordre inférieur à ρ. En effet, s'il n'était pas ainsi, on aurait une identité telle que

$$(8) \qquad f_1(z)\, e^{H_1(z)} + f_2(z)\, e^{H_2(z)} + \ldots + f_n(z)\, e^{H_n(z)} = f(z)\, e^{H(z)},$$

où $f(z)$ désigne une fonction entière d'ordre inférieur à ρ. Nous distinguons deux cas : ou bien aucune réduction n'est possible parmi les termes de l'identité (8), ce qui, d'après le théorème de M. Borel, entraîne les égalités

$$f_1(z) = f_2(z) = \ldots = f_n(z) = f(z) = o;$$

contradictoires à l'hypothèse $n > 1$;

Ou bien le terme $f(z) e^{\mathrm{H}(z)}$ peut se réduire avec un terme du premier membre, par exemple avec $f_1(z) e^{\mathrm{H}_1(z)}$; alors, il ne saurait se réduire avec un autre, parce que le premier membre de (8) est supposé irréductible. Nous aurons donc

$$\mathrm{H}(z) - \mathrm{H}_1(z) = \mathrm{P}(z),$$

$\mathrm{P}(z)$ étant un polynome de degré inférieur à p. On en déduirait

$$(9) \qquad [f_1(z) - f(z) e^{\mathrm{P}(z)}] e^{\mathrm{H}_1(z)} + f_2(z) e^{\mathrm{H}_2(z)} + \ldots + f_n(z) e^{\mathrm{H}_n(z)} = o.$$

Aucune réduction n'étant plus possible, cette dernière identité entraînerait, d'après le théorème de M. Borel, les égalités

$$f_2(z) = f_2(z) = f_1(z) = \ldots = f_n(z) = o, \qquad f_1(z) = f(z) e^{\mathrm{P}(z)},$$

ce qui est en contradiction avec notre hypothèse que le nombre des termes distincts de l'expression

$$\sum f_i(z) e^{\mathrm{H}_i(z)}$$

est au moins égal à deux (2).

Nous avons donc, dans le cas de $n > 1$, un fait contraire à celui qui caractérise le cas d'exception usuel de M. Picard.

Si u_0 est valeur exceptionnelle dans le sens nouveau correspondant à $n > 1$, la densité des points du plan z, où la fonction $\mathrm{G}(z)$ prend cette valeur u_0 est toujours (sûrement) d'ordre p.

Revenons maintenant à l'algébroïde $u = a(z)$ multiforme d'ordre p et à v branches définie par l'équation

$$\mathrm{F}(z, u) = u^v + \mathrm{A}_1(z) u^{v-1} + \mathrm{A}_2(z) u^{v-2} + \ldots + \mathrm{A}_{v-1}(z) u + \mathrm{A}_v(z) = o,$$

et supposons qu'il existe $v + 1$ valeurs finies $u_0, u_1, u_2, \ldots, u_v$ de u telles que l'on ait

$$(9) \quad \mathrm{F}(z, u_i) = f_{i1}(z) e^{\mathrm{H}_{i1}(z)} + f_{i2}(z) e^{\mathrm{H}_{i2}(z)} + f_{i3}(z) e^{\mathrm{H}_{i3}(z)} + \ldots + f_{in_i}(z) e^{\mathrm{H}_{in_i}(z)}$$
$$(i = 0, 1, 2, \ldots, v),$$

où tous les exposants sont des polynomes de degré ρ tandis que les coefficients $f_{ij}(z)$ sont tous des fonctions entières d'ordre inférieur à ρ. Alors, l'élimination de $A_i(z)$ entre les $\nu + 1$ équations (9) nous donnera l'identité

$$(10) \qquad \sum_{i=0,1,2,3,\ldots\nu} q_i \left[f_{i1}(z)\, e^{\Pi_{i1}(z)} + f_{i2}(z)\, e^{\Pi_{i2}(z)} + \ldots + f_{in_i}(z)\, e^{\Pi_{in_i}(z)} \right] = q,$$

où les q_i et q sont toujours les déterminants de Vandermonde des chapitres précédents, et nous n'avons qu'à répéter les raisonnements faits plus haut dans la démonstration du théorème analogue de la théorie des nombres pour arriver à la conclusion que le second membre q restera invariable et constituera le seul terme d'ordre inférieur à ρ dans la forme définitive que prendra l'identité (10) après toutes les réductions possibles qui peuvent avoir lieu entre les termes partiels du premier membre et, par conséquent, l'identité est, d'après le théorème de M. Borel, impossible. Nous avons donc :

THÉORÈME XVII. — *Les valeurs de u pour lesquelles l'expression* $F(z, u)$ *est de la forme*

$$F(z, u) = f_1(z)\, e^{\Pi_1(z)} + f_2(z)\, e^{\Pi_2(z)} + \ldots + f_n(z)\, e^{\Pi_n(z)},$$

où tous les exposants sont de degré ρ, tandis que les coefficients sont des fonctions entières d'ordre inférieur à ρ, sont exceptionnelles quel que soit l'indice n, et le nombre de ces valeurs exceptionnelles ne saurait jamais dépasser la quantité ν, qui est le nombre des branches de l'algébroïde $u = a(z)$ considérée [16].

Il est facile, par la même méthode toujours, de démontrer qu'il faut, dans des cas très généraux, considérer aussi comme *exceptionnelles* les valeurs de u pour lesquelles l'on ait

$$(11) \qquad F(z, u) = f(z) + f_1(z)\, e^{\Pi_1(z)} + f_2(z)\, e^{\Pi_2(z)} + \ldots + f_n(z)\, e^{\Pi_n(z)},$$

où tous les exposants $\Pi_i(z)$ sont des polynomes de degré ρ et les coefficients $f(z)$ et $f_i(z)$ sont des fonctions entières d'ordre inférieur à ρ. Il en est, bien entendu, de même de la théorie des nombres. Il est à peine utile d'ajouter que tous ces cas d'exception ne se présentent que lorsque l'ordre ρ est un nombre entier.

CHAPITRE VII.

EXTENSION DU THÉORÈME DE M. PICARD A UNE CLASSE DE FONCTIONS AYANT UNE INFINITÉ DE BRANCHES.

26. Considérons l'équation

$$(12) \qquad F(z,\, u) = A_0(z) + A_1(z)u + A_2(z)u^2 + \ldots \\ + A_{\nu-1}(z)u^{\nu-1} + u^\nu + z\,\varphi(z,\, u) = 0,$$

où les $A_i(z)$ sont des fonctions entières dont une au moins est d'ordre ρ, les autres étant d'ordre égal ou inférieur à ρ et $\varphi(z,\, u)$ désigne une fonction ayant les propriétés suivantes :

1° Elle est une fonction entière de z, pour toute valeur finie de u, d'ordre inférieur à ρ;

2° Elle est, pour toute valeur de z, une fonction quelconque de u (uniforme pour fixer les idées) soumise à la seule restriction qu'elle assure l'existence d'une fonction $u = w(z)$ définie moyennant l'équation (12). Si $\varphi(z,\, u)$ n'est un polynome (ou fonction rationnelle) en u, la fonction multiforme $u = w(z)$ aura, en général, une infinité de branches;

3° $\varphi(z,\, u)$ ne devient infinie pour aucun système de valeurs de z et u. Nous appellerons toujours valeur exceptionnelle *formelle* toute valeur de u pour laquelle la fonction $F(z,\, u)$ est d'ordre inférieur à ρ; leur nombre sera toujours au plus égal à $\nu - 1$.

Excluons pour le moment ces valeurs exceptionnelles et supposons qu'il existe $\nu + 1$ autres exceptionnelles $u_0,\, u_1,\, u_2,\, u_3,\, \ldots,\, u_\nu$; alors, notre méthode d'élimination nous conduira à l'identité

$$(13) \qquad \sum_{i=0,1,2,3,\ldots,\nu} q_i f_i(z)\, e^{H_i(z)}$$
$$= q + z\big[\dot{q}_0\,\varphi(z,\, u_0) + \dot{\varphi}_1\,\varphi(z,\, u_1) + \varphi_2\,\varphi(z,\, u_2) + \ldots + \varphi_\nu\,\varphi(z,\, u_\nu)\big]$$

qui entraîne, d'après le théorème de M. Borel, la nullité du second membre, qui ne peut pas se réduire avec les termes du premier qui sont tous d'ordre ρ (à cause de l'exclusion des valeurs exceptionnelles formelles). Or, le second membre de (12) ne saurait être identiquement nul, puisque pour $z = 0$ il prend la valeur q qui est différente de zéro (déterminant de Vandermonde), et, par conséquent, l'identité (13) est impossible.

Remarquons que le même résultat subsiste si le terme $z\varphi(z, u)$ se remplace par une fonction quelconque $\Phi(z, u)$ admettant au moins une racine $z = a$ indépendante de u et ayant toutes les propriétés plus haut indiquées. Nous avons, donc, le théorème suivant :

THÉORÈME XVIII. — *Soit* $u = w(z)$ *une fonction définie par l'équation*

$$F(z, u) = A_0(z) + A_1(z)u + A_2(z)u^2 + \ldots + A_{\nu-1}(z)u^{\nu-1} + u^\nu + \Phi(z, u) = 0,$$

où les $A_i(z)$ *sont des fonctions entières dont l'ordre maximum est* ρ, *et* $\Phi(z, u)$ *une fonction entière de* z *et d'ordre inférieur à* ρ *pour toute valeur finie de* u *et quelconque de* u, *admettant une racine* $z = a$ *indépendante de* u.

Alors, la fonction $u = w(z)$ *prend toute valeur donnée en une infinité de points dont la densité ne saurait être d'ordre inférieur à* ρ *pour plus de* $2\nu - 1$ *valeurs finies de* u [12].

Nous voyons que l'extension aux algébroïdes multiformes du théorème de M. Picard et de ses généralisations s'étend, sans aucune modification, à une classe très étendue d'autres fonctions multiformes, qui ont, en général, une infinité de branches.

27. Considérons maintenant une équation de la forme

$$(13') \quad F(z, u) = \sigma_0(u) + \sigma_1(u) A_1(z) + \sigma_2(u) A_2(z) + \ldots + \sigma_n(u) A_n(z) = 0,$$

où les $\sigma_i(z)$ et les $A_i(z)$ désignent des fonctions entières ; pour les $A_i(z)$ nous supposerons, pour fixer les idées, qu'elles soient d'ordre fini et nous désignerons par ρ le plus grand des ordres des $A_i(z)$.

Si l'une au moins des $\sigma_i(u)$ est une *transcendante* entière, l'équation (13) définit une fonction multiforme $u = m(z)$ qui n'est pas algébroïde. Nous établirons une certaine extension à ces fonctions non algébroïdes du théorème de M. Picard et de ses généralisations.

Une valeur $u = u_0$ sera appelée *exceptionnelle* lorsque la densité des zéros de la fonction entière $F(z, u_0)$ est inférieure à ρ. La même valeur u_0 sera appelée exceptionnelle *formelle* lorsque la fonction $F(z, u_0)$ elle-même est d'ordre inférieur à ρ. Deux valeurs u_1 et u_2 seront appelées *équivalentes* lorsque le rapport $F(z, u_1) : F(z_2 u_2)$ est d'ordre inférieur à ρ : si l'une est exceptionnelle, l'autre l'est aussi.

Supposons d'abord qu'il existe ν valeurs exceptionnelles formelles u_1, u_2, u_3, u_4, ..., u_ν, ce qui nous donne les formules

$$(14) \qquad F(z, u_i) = f_i(z) \qquad (i = 1, 2, 3, ..., \nu),$$

où les $f_i(z)$ sont toutes d'ordre inférieur à ρ.

Il en résulte que le déterminant

$$(15) \qquad D = \begin{vmatrix} \sigma_1(u_1) & \sigma_1(u_2) & ... & \sigma_1(u_\nu) \\ \sigma_2(u_1) & \sigma_2(u_2) & ... & \sigma_2(u_\nu) \\ ......i & ...... & ... & ...... \\ \sigma_\nu(u_1) & \sigma_\nu(u_1) & ... & \varepsilon_\nu(u_\nu) \end{vmatrix}$$

est nul parce que, dans le cas contraire, le système des équations (14) résolu par rapport aux $A_i(z)$ donnerait pour elles des fonctions qui seraient toutes d'ordre inférieur à ρ, ce qui est en contradiction avec notre hypothèse plus haut faite.

Avant de nous avancer remarquons que nous pouvons supposer qu'il n'existe pas des relations linéaires à coefficients constants entre les fonctions $\sigma_i(u)$; en effet, s'il en existait, on pourrait les utiliser pour diminuer le nombre des termes de l'équation donnée (13'').

Il en résulte que, étant fixées les valeurs formelles u_1, u_2, ..., $u_{\nu-1}$, l'égalité

$$D(u_1, u_2, u_3, ..., u_\nu) = 0$$

ne saurait être une identité par rapport à u_ν et, par conséquent, l'expression $D(u_1, u_2, ..., u_\nu)$ sera une fonction entière de u_ν et nous savons que l'ensemble des zéros d'une fonction entière est toujours *dénombrable* ayant un point-limite unique : l'∞.

Excluons maintenant les exceptionnelles formelles et supposons qu'il existe $\nu + 1$ autres valeurs exceptionnelles formelles u_0, u_1, u_2, ..., u_ν. Alors, en appliquant toujours notre méthode d'élimination des $A_i(z)$ nous obtiendrons toujours une identité dont la possibilité entraîne la nullité du déterminant

$$\Delta(u_0, u_1, u_2, ..., u_\nu) = |\ \sigma_i(u_0) \quad \sigma_i(u_1) \quad \sigma_i(u_2) \quad ... \quad \sigma_i(u_\nu)\ |$$
$$(i = 0, 1, 2, 3, ..., \nu).$$

Or, étant fixées les valeurs exceptionnelles u_1, u_2, ..., u_ν et supposant variable l'autre u_0, le déterminant Δ est une fonction entière de u_0 et, par conséquent, l'ensemble de ses zéros est dénombrable.

Ce procédé suppose que la fonction $\sigma_0(u)$ n'est pas identiquement nulle, mais il est facile par des procédés analogues d'arriver à la même conclusion dans le cas contraire. Nous avons donc le théorème suivant :

THÉORÈME XIX. — *Toute fonction multiforme $u = m(z)$ définie par une équation de la forme* (13) *et* (19)

$$\mathrm{F}(z, u) = \sigma_0(u) + \sigma_1(u)\,\mathrm{A}_1(z) + \sigma_2(u)\,\mathrm{A}_2(z) + \ldots + \sigma_n(u)\,\mathrm{A}_n(z) = 0,$$

où les $\sigma_i(u)$ sont des fonctions entières quelconques et les $\mathrm{A}_i(z)$ des fonctions entières dont l'ordre maximum est égal à ρ, prend toute valeur en une infinité de points dont la densité ne saurait être d'ordre inférieur à ρ que pour un ensemble dénombrable de valeurs exceptionnelles de u, pour lesquelles la fonction $m(z) - u$ peut avoir un nombre fini de zéros.

Je n'insiste pas davantage sur les diverses applications de la méthode d'élimination utilisée dans ce livre aux fonctions ayant une infinité de branches pour étudier l'ensemble de leurs valeurs exceptionnelles. Le lecteur pourrait en trouver d'autres dans la deuxième partie de ma Thèse de doctorat de l'Université de Paris. Aussi, faut-il ajouter qu'il y a là un sujet fécond de recherches.

CHAPITRE VIII.

LES VALEURS DOUBLEMENT EXCEPTIONNELLES.

28. Envisageons une transcendante algébroïde $a(z)$ à ν branches et d'ordre fini quelconque et, pour fixer les idées, supposons qu'elle n'admette pas des infinis. Soit α une valeur exceptionnelle dans le premier sens de M. Picard, c'est-à-dire telle que la fonction $a(z) - \alpha$ n'admette qu'un nombre fini de zéros; nous savons déjà que le nombre de ces valeurs est au plus égal à 2ν, l'infini compris.

Soient μ_1, μ_2, ..., μ_n les affixes des zéros de la fonction $a(z) - \alpha$

et $m_1, m_2, m_3, \ldots, m_n$ les degrés respectifs de multiplicité et posons

$$q(z) = (z - \mu_1)^{m_1}(z - \mu_2)^{m_2} \ldots (z - \mu_n)^{m_n}.$$

Il est clair que le quotient $\dfrac{a(z) - \alpha}{q(z)} = \varphi(z)$ n'admettra aucun infini et aucun zéro, et, par conséquent, le $\log\varphi(z) = \mathrm{H}(z)$ sera une fonction toujours finie à distance finie. On aura

$$a(z) - \alpha = q(z)e^{\mathrm{H}(z)}.$$

A priori, la fonction $\mathrm{H}(z)$ peut avoir un nombre fini ou infini de branches. Nous allons démontrer que, en général, *cette fonction doit avoir une infinité de branches : le cas contraire doit être considéré comme exceptionnel.*

Nous allons, en effet, démontrer qu'il n'y a pas deux valeurs exceptionnelles α_1 et α_2 (dans le sens primitif de M. Picard), pour lesquelles la fonction correspondante $\mathrm{H}(z)$ soit algébroïde ou algébrique (à un nombre fini de branches).

Supposons le contraire; on aura les équations

$$(2) \qquad a(z) - \alpha_1 = q_1(z) e^{\mathrm{H}_1(z)}, \qquad a(z) - \alpha_2 = q_2(z) e^{\mathrm{H}_2(z)},$$

les $q_1(z)$ et $q_2(z)$ étant des fonctions algébriques et les $\mathrm{H}_1(z)$ et $\mathrm{H}_2(z)$ des fonctions algébroïdes finies à distance finie. L'élimination de $a(z)$ entre les équations (2) nous donnerait la formule

$$(3) \qquad \alpha_2 - \alpha_1 = q_1(z) e^{\mathrm{H}_1(z)} - q_2(z) e^{\mathrm{H}_2(z)}.$$

Remarquons maintenant que les exponentielles $e^{\mathrm{H}_1(z)}$ et $e^{\mathrm{H}_2(z)}$ ne peuvent pas être des fonctions algébriques [ni même algébroïdes d'ordre inférieur à ρ; autrement, il en serait de même de l'algébroïde donnée $a(z)$ qui est supposée d'ordre ρ]. L'identité (3), qui est de la forme de celles de M. Borel avec la seule différence que les exposants et les coefficients sont des fonctions multiformes (algébriques ou algébroïdes), est impossible pour les mêmes raisons que le théorème lui-même de M. Borel, grâce aux extensions aux algébroïdes multiformes des théorèmes de la croissance du module maximum, du module minimum et de la croissance de la dérivée, établies dans le chapitre de ce livre.

Si, donc, la fonction $\mathrm{H}(z) = \log \dfrac{a(z) - \alpha}{q(z)}$ a un nombre fini de branches, la valeur exceptionnelle α présente un nouveau cas d'exception, qui est *unique*, tandis que le nombre des valeurs exceptionnelles usuelles est au plus égal à 2ν et peut atteindre cette limite supérieure. Une telle valeur α sera appelée *doublement exceptionnelle* comme présentant deux caractères d'exception. Nous avons donc :

THÉORÈME XX. — *Il est impossible d'avoir deux valeurs finies doublement exceptionnelles.*

Le logarithme d'une algébroïde multiforme finie et dépourvue de zéros est, en général, à une infinité de branches (n'est pas algébroïde).

Nous voyons que, par rapport aux valeurs doublement exceptionnelles, les algébroïdes multiformes ne se distinguent pas des algébroïdes uniformes. Le cas d'exception est encore *unique* (l'infini non compris) quel que soit le nombre des branches, qui ne joue aucun rôle ici.

Je n'insiste pas ici sur les généralisations, auxquelles est susceptible le théorème que nous venons d'énoncer, analogues aux généralisations bien connues pour les algébroïdes uniformes et indiquées dans les Chapitres précédents pour les algébroïdes multiformes.

Le lecteur trouverait des considérations détaillées sur ce sujet dans mes deux Mémoires publiés dans le *Journal de Mathématiques pures et appliquées* (*Sur les fonctions ayant un nombre fini de branches*, 1906, fasc. I; *Sur la croissance des fonctions multiformes*, 1907, fasc. III).

Il y a là un sujet fécond de recherches.

Je n'insiste pas non plus sur les applications de la méthode appliquée à ce livre et du théorème fondamental de M. Borel aux équations différentielles, pour lesquelles je renvoie le lecteur à ma Thèse de Paris, à mes Mémoires du *Journal de Jordan* ci-dessus cités et à ma communication faite au IVᵉ Congrès international de Rome; il s'agit toujours du même ordre d'idées avec lesquelles le lecteur est, je l'espère, bien familiarisé par la lecture de ce livre; ce sujet m'entraînerait très loin et augmenterait outre mesure les pages de ce fascicule. Je me borne à remarquer qu'il y a là un domaine fécond de recherches et de perfectionnement.

29. Extension aux algébroïdes multiformes du théorème fonda-

mental de **M. Borel**. — L'extension aux algébroïdes multiformes des théorèmes sur la croissance de la dérivée et de la partie réelle ainsi que du théorème du module minimum nous permet d'étendre immédiatement aux algébroïdes multiformes le théorème de M. Borel qui nous a servi de base dans les problèmes exposés dans ce fascicule.

Je me contenterai de l'énoncer dans le cas d'ordre fini.

Théorème XXI. — *Une identité de la forme*

$$(4) \qquad a_1(z)\,e^{H_1(z)} + a_2(z)\,e^{H_2(z)} + \ldots + a_n(z)\,e^{H_n(z)} = 0,$$

où les fonctions $e^{H_i(z)-H_j(z)}$ sont toutes des algébroïdes d'ordre ρ, tandis que les coefficients $a_i(z)$ sont des algébroïdes (ou algébriques) d'ordre inférieur à ρ, entraîne la nullité de tous les coefficients $a_i(z)$.

La démonstration est identique à celle du théorème de M. Borel. Il aura des conséquences et des applications analogues à celles du théorème de M. Borel.

30. Uniformité des théorèmes sur le cas d'exception unique. — Le cas unique de double exception se ramène au cas unique de simple exception concernant la densité des zéros, lorsqu'on se borne aux algébroïdes uniformes (fonctions entières ou méromorphes).

Nous pouvons confondre ces deux cas uniques (le cas de simple exception des algébroïdes uniformes et le cas de double exception des algébroïdes multiformes) en remarquant que tous les deux se caractérisent par une propriété commune de croissance de la dérivée logarithmique.

Nous pouvons les énoncer sous une forme sommaire commune par le théorème suivant :

Théorème général XXII d'exception unique. — *Étant donnée une fonction algébroïde quelconque $u = a(z)$ (uniforme ou multiforme) finie à distance finie, la dérivée logarithmique de la fonction $a(z) - u$ ne saurait être d'ordre inférieur à celui de $a(z)$ pour plus d'une valeur de u* [15].

En effet, s'il en était ainsi pour deux valeurs u_1 et u_2, nous aurions les identités

$$(5) \qquad a'(z) = [a(z) - u_1]\,q_1(z), \qquad a'(z) = [a(z) - u_2]\,q_2(z),$$

où les $q_1(z)$ et $q_2(z)$ désignent des algébroïdes d'ordre inférieur à celui de $a(z)$.

Or, l'élimination de la dérivée $a'(z)$ entre les équations (5) nous donne la formule

$$(6) \qquad a(z) = \frac{u_1\,q_1(z) - u_2\,q_2(z)}{q_1(z) - q_2(z)}$$

dont le second membre est toujours déterminé ($u_1 \neq u_2$) et définit une fonction algébroïde d'ordre inférieur à celui de $a(z)$ (d'après le théorème de module minimum étendu aux algébroïdes multiformes). Donc, la relation (6) est impossible. Notre théorème est démontré.

Terminons le fascicule en remarquant que ce dernier mode de démonstration du théorème ci-dessus énoncé suggère plusieurs applications intéressantes pour la théorie des équations différentielles, et fournit un domaine intéressant de recherches.

INDEX BIBLIOGRAPHIQUE.

1. PICARD (Émile). — Mémoire sur les fonctions entières (*Annales de l'École Normale*, 1890).
2. PICARD (Émile). — *Traité d'Analyse*, t. II, p. 231. et t. III, p. 347.
3. HADAMARD (Jacques). — Mémoire couronné en 1892 par l'Académie des Sciences et publié en 1893 dans le *Journal de Mathématiques pures et appliquées*.
4. BOREL (E.). — Mémoire sur les zéros des fonctions entières (*Acta mathematica*, t. 20. 1897).
5. BOREL (É.). — *Leçons sur les fonctions entières* (Paris, Gauthier-Villars).
6. BOREL (É.). — *Leçons sur les fonctions méromorphes* (Paris, Gauthier-Villars).
7. BOREL (E.). — Contribution à l'étude des fonctions méromorphes (*Annales de l'École Normale*, 1902).
8. MAILLET (É). — Mémoire sur les fonctions entières et quasi entières (*Journal de Mathématiques pures et appliquées*, 1902, fasc. 4).
9. MAILLET (É.). — Sur les fonctions monodromes à point singulier essentiel isolé (*Bulletin de la Société mathématique de France*, 1903, fasc. 1).
10. KRAFT (A.). — Ueber ganze transcendente Functionen von unendlicher Ordnung [*Inaugural Dissertation* (Universität zu Göttingen, 1903)].

*11. Blumenthal (Otto). — Principes sur la théorie des fonctions entières d'ordre infini [*Collection de monographies* sous la direction de M. Émile Borel (Paris, Gauthier-Villars, 1910)].

12. Rémoundos (G. I.), — Sur les zéros d'une classe de fonctions transcendantes (*Thèse de doctorat de l'Université de Paris*, 1905, et *Annales de la Faculté des Sciences de Toulouse*, 1906).

13. Rémoundos (G.). — Sur les points critiques transcendants (*Annales de la Faculté des Sciences de Toulouse*, 1906).

14. Rémoundos (G.). — Sur les fonctions ayant un nombre fini de branches (*Journal de Mathématiques pures et appliquées*, 6e série, t. II, fasc. I, 1906)

15. Rémoundos (G.). — Sur la croissance des fonctions multiformes (*Journal de Mathématiques pures et appliquées*, 6e série, t. III, 1907).

16. Rémoundos (G.). — Sur quelques points de la théorie des nombres (*Annales de l'École Normale*, août 1906).

17. Rémoundos (G.). — Sur les fonctions entières et algébroïdes, généralisation d'un théorème de M. Picard dans la direction de M. Landau (*Annales de l'École Normale*, 3e série, t. 30, août 1913).

18. Rémoundos (G.). — Sur les zéros des intégrales d'une classe d'équations différentielles [*Atti del IV Congresso internazionale di Matematici* (Roma, 6-11 aprile 1908), 1909, p. 67-73].

19. Rémoundos (G.). — Sur les zéros d'une classe de fonctions transcendantes (*Bulletin de la Société mathématique de France*, t. 32, 1904).

20. Rémoundos (G.). — Sur les fonctions entières de genre fini (*Bulletin de la Société mathématique de France*, t. 32, 1904).

21. Rémoundos (G.). — Sur le cas d'exception de M. Picard et les fonctions multiformes (*Bulletin de la Société mathématique de France*, t. 33, 1905).

22. Rémoundos (G.). — Sur la réductibilité des équations algébriques et les nombres exponentiels (*Rendiconti del Circolo Matematico di Palermo*, t. 33, anno 1909).

23. Rémoundos (G.). — Sur la réductibilité des équations algébriques par des substitutions linéaires (*Rendiconti del Circolo Matematico di Palermo*, t. 32, anno 1909).

24. Rémoundos (G.). — Sur le module maximum des fonctions algébroïdes (*Bulletin de la Société mathématique de France*, t. 39, 1911, p. 304-309).

25. Rémoundos (G.). — Extension d'un théorème de M. Borel aux fonctions algébroïdes (*Rendiconti del Circolo Matematico di Palermo*, t. 32, 2e sem. 1911).

26. Valiron (G.). — Sur quelques théorèmes de M. Borel (*Bulletin de la Société mathématique de France*, fasc. 3 et 4, 1914).

27. Varopoulos (Théodore). — Sur la croissance et les zéros d'une classe de fonctions transcendantes (*Thèse de doctorat de l'Université de Paris*, 1923).

28. POLYA (G.). — Ueber die Nullstellen sukzessiver Derivierten (*Mathematische Zeitschrift*. Berlin, 1922).

29. SAXER. — Ueber die Picardschen ausnahmewerte sukzessiver Derivierten (*Thèse de doctorat*. Zurich, 1923).

30. VAROPOULOS (Théodore). — Les dérivées des fonctions multiformes (*Comptes rendus*, 22 septembre 1924).

31. G. RÉMOUNDOS — Sur un cas d'élimination et l'extension aux fonctions algébroïdes du théorème de M. Picard (*Annali di Matematica pura ed applicata*, 4ᵉ série, t. II, 1924-1925).

32. G. RÉMOUNDOS. — Sur une propriété d'élimination et les fonctions algébroïdes (*Comptes rendus*, t. 177, 17 septembre 1923, p. 524).

33. VAROPOULOS (Th.). — Sur les valeurs exceptionnelles des fonctions algébroïdes et de leurs dérivées (*Bull. de la Soc. math.*, t. 53, 1925).

34. MONTEL (P.). — Sur les involutions exceptionnelles des fonctions algébroïdes (*Comptes rendus*, t. 179, 1924).

35. MONTEL (P.). — Sur les familles complexes et leurs applications (*Acta math.*, t. 49, 1926).

TABLE DES MATIÈRES.